辽宁杨树

王胜东　杨志岩　主编

中国林业出版社

图书在版编目(CIP)数据

辽宁杨树/王胜东,杨志岩　主编.—北京:中国林业出版社,2006.8
ISBN 7-5038-4581-3

Ⅰ.辽…　Ⅱ.王…　Ⅲ.杨属—栽培　Ⅳ.S792.11

中国版本图书馆 CIP 数据核字（2006）第 093568 号

《辽宁杨树》编委会

主　编　王胜东　杨志岩
副主编　梁鸿恩　潘成良　蔄胜军
编　委　(按姓氏笔画为序)
于志水　王　敏　李亚江　李晓鹏　孙运清
杨成超　梁德军　彭儒胜　董雁

中国林业出版社·环境景观与园林园艺图书出版中心
电话:66176967　66189512　**传真**:66176967

出版　中国林业出版社(100009　北京西城区德内大街刘海胡同7号)
E-mail:cfphz@public.bta.net.cn　电话:66176967
网址　www.cfph.com.cn
发行　新华书店北京发行所
印刷　三河市富华印刷包装有限公司
版次　2006年9月第1版
印次　2006年9月第1次
开本　787mm×1092mm　1/16
印张　10.75　彩插　16
字数　300千字
定价　35.00元

序

辽宁省是一个经济比较发达而森林资源相对匮乏的省份，新中国成立以来，各级党委和政府十分重视林业生态建设，在“九五”、“十五”期间，全省造林面积达2100多万亩，其中以杨树为主的速生丰产林面积达250多万亩，不但使我省中西部地区的林业得到了快速发展，同时也改善了当地的生态环境。

杨树以其适应性强、生长快、轮伐期短、深受广大群众喜爱，成为辽宁平原地区造林的主要树种，在速生丰产林基地建设、“三北”防护林工程和退耕还林工程中占有重要地位。作为杨树人工林栽培大省，我省对杨树研究工作开展得也比较早，20世纪60年代初，就成立了辽宁省杨树研究所。几十年来，经过广大科技人员的辛勤工作，在杨树育种、栽培及病虫害防治方面进行了深入、广泛的研究，取得了令人瞩目的成就，共培育、推广杨树新品种30多个，极大地丰富了辽宁造林树种资源；多年的研究和探索，总结出配套的定向培育技术，使杨树由粗放经营向集约化经营方向发展。杨树新品种、新技术的开发与应用，使杨树生产力水平提高较快，有利地促进了我省林业产业发展和生态建设的步伐。

本书是辽宁省杨树研究所几代科技工作者在科学研究、生产实践基础上，总结我省杨树的发展历程，精心编撰而成，是集体智慧的结晶。该书以翔实的资料、丰富的内容、严谨的科学态度，对辽宁杨树发展概况、基础知识、杨树育种及其栽培进行了详细的论述，是一部很好的专业书和参考书，对科研、生产和教学部门都具有重要的指导价值。

相信该书的出版，对我省贯彻、落实《中共中央 国务院关于加快林业发展的决定》、加快振兴东北老工业基地具有重要的现实意义。借为此书作序之际，谨向本书作者及全省广大林业科技工作者致以深深的敬意。

王文权

2006年6月25日于沈阳

前　　言

千百年来，杨树一直是中国北方平原造林绿化的主要树种，在杨、柳、榆、槐4大树种当中，杨树毋庸置疑地居于首位。特别是新中国成立后，随着国民经济的飞速发展，杨树人工林的栽植面积也逐步扩大。现在中国的杨树人工林面积已经发展到667万hm^2，约占全国人工林面积的1/5，是世界其他国家杨树人工林面积总和的4倍。辽宁是杨树的故乡之一，也是我国杨树发展的重要省份，现在我省的杨树人工林面积已发展到47万hm^2，杨树已成为我省人工造林的第一树种。纵观辽宁杨树栽培发展史，大致经历了原始粗放生产、速生丰产发展、定向培育工程建设三个不同的发展阶段。特别是中共中央、国务院发出了《关于加快林业发展的决定》，我国的林业建设开始了历史性的转变，辽宁省的林业发展也驶入了快车道，随着退耕还林、“三北”防护林、平原绿化及速生丰产林基地建设等重大项目工程的启动实施，随着我省广大群众和造林专业户对杨树造林积极性的高涨，杨树栽培呈现出空前的大发展时期。在发展的同时，杨树品种选择不当、培育技术不明确等薄弱环节也暴露出来，近年来也出现了速生杨因灾害大面积死亡等情况。正是基于此，辽宁省杨树研究所广大科技工作者通力合作，将多年来的科学研究成果和生产实践经验进行了总结，编著了《辽宁杨树》一书，希望该书能对我省杨树培育和产业发展起到科技支撑作用。

本书是辽宁省杨树研究所几代科技工作者在科学研究、生产实践基础上，总结我省杨树的发展历程，精心编撰而成的，是集体智慧的结晶，该书凝聚了杨树研究所几代科技工作者的心血和心声。杨树研究所于2005年春季成立了《辽宁杨树》编撰委员会，编委们明确分工，落实了任务，团结协作，收集查阅了大量的档案、资料和文献，期间还对全省杨树栽培状况进行了一次调查，掌握了大量第一手资料。从初稿到定稿大约用了1年半的时间，进行了反复修改和讨论。该书以翔实的资料、丰富的内容、严谨的科学态度，分为14章对辽宁杨树发展概况和历程、杨树分类和生态学特性及辽宁杨树资源、辽宁杨树育种和培育技术等各个方面进行了详细的论述，是一部很好的专业书和科普书，对科研、生产和教学部门和广大林农都具有重要的指导和参考价值。

本书在编写过程中得到了省林业厅领导和有关部门的大力支持和帮助，特别是王文权厅长在百忙之中抽出时间阅读书稿，并为此书作序，我们深表感谢。在对杨树资源调研和拍片中得到了辽宁各市、县林业局的大力支持，得到了杨树研究所协作和基点单位的大力支持和协助；我所陈鸿雕、李驹等老专家与省杨树委员会白淑清副主任委员对此书提出了宝贵的意见和建议；我所徐儒林同志协助拍摄了部分照片。在此一并表示诚挚谢意。

由于编委水平有限，内容也还不是十分全面，书中难免存在不当和错误之处，恳望读者批评指正。

编者

2006年7月10日于盖州

目　录

第1章 辽宁杨树概述

杨树是杨属树种的统称，包括一百多个天然种、变种和数以千计的品种或无性系，在世界范围内，有着广泛的分布区域。辽宁省的地理位置和生态特点决定了许多杨树可以在这里生存和发展。因此，杨树在人们生活中是最为熟悉的树种之一，在人类的近代史中，特别是经历了两次世界大战，森林资源遭到特别严重的破坏，致使森林资源日趋枯竭。为了解决木材供应的紧张趋势和生态严重失衡的问题，许多国家都把杨树作为恢复森林资源和快速生产木材的首选树种之一，于是一个世界性的人工培育杨树的浪潮兴起了。新中国成立以来，辽宁省同全国一样，很快就开展了大力栽培和发展杨树人工林的工作。

一、辽宁杨树发展进程

1 世界杨树栽培概况

作为森林资源的培植，并且以取材为主要目的真正意义的杨树栽培历史并不很长。20世纪初，从意大利开始利用杨树生产机械纸浆，30年代又生产杨木胶合板起，一个杨树成为工业用材的新时代便拉开了序幕。为了满足生产的需要，杨树的科学研究也相应地开展起来。

1937年，意大利的一家私营公司（Cartiere Burgo）在靠近米兰的小镇Casale Monferrato建立了世界上第一个“杨树研究所”。该所在Jacometti和Piccrolo两位教授领导下，为世界杨树栽培创造了一系列速生、抗病和工艺特性优越的杨树杂种无性系。闻名世界的I-214杨、I-63/51杨、I-69/55杨、I-72/58杨等无性系都是这个研究所培育出来的。

西欧许多国家（法国、德国、荷兰、比利时等）大面积发展杨树是在第二次世界大战以后。西欧的森林在战争中遭到严重破坏，战后经济恢复期中对木材的需求量极大。法国以Ph·Guinier教授为首的科学家首先倡议发展速生树种杨树。1947年1月15日法国政府宣布成立法兰西国家杨树委员会，以促进杨树栽培的发展。1948年在法国召开了一个国际杨树会议，参加的有联邦德国、荷兰等7个西欧国家。会上一致决定在联合国粮食与农业组织领导下，成立国际杨树委员会。这个国际组织成立50多年来，对交流杨树栽培技术经验，促进各国杨树的发展起了积极作用。目前它已拥有包括中国在内的36个成员国。

中、近东亚诸国（伊朗、伊拉克、黎巴嫩、土耳其、叙利亚等）民间杨树栽培的历史十分悠久。本区天然林资源极为缺乏，在不少地方，人工栽植的杨、柳、榆等是地方木材的惟一来源。这里杨树栽培的主要目的材种是小径材（一般直径在20cm以下），用于农村小型民用建筑。这里的杨木工业利用还很有限，只有土耳其和伊朗用杨木生产火柴杆，每年消耗杨木不过10万m^3，所以本区杨树发展不快。

南半球本来没有杨树天然种分布，这里的杨树栽培种全部来自北半球各地。南半球杨树引种以阿根廷为最早。19世纪30年代，达尔文环球旅行时就已经记载了阿根廷门多萨地区的杨树栽培，当时使用的是来源于欧洲的钻天杨。

大洋洲的澳大利亚和新西兰在20世纪40和50年代才开始栽植杨树。树种由欧洲移民带来，一直没有大面积发展。第二次世界大战中，从北欧进口山杨木材十分困难，本区又找不到适合生产火柴的代用材，这时才开始用美洲黑杨和欧美杨杂种大面积栽植杨树。

在非洲，只有北非的埃及、摩洛哥和利比亚有少量杨树人工林。在南非（南纬30°以南地区）也有一些以欧美杨杂种为主的杨树人工林，但面积都不大，在国民经济中也没有什么地位。

纵观世界，尽管杨树造林面积并不很多，但是经济发达的国家杨树栽培发展的起点高，技术进步快，木材利用率高，经济效益大。

2 我国杨树栽培历史回顾

早在2500年前，杨树就已经为我们的祖先所认识。在我国最早的诗歌集《诗经》中已有多处关于杨树的记述，《诗经·小雅·南山有台》就有“南山有桑，北山有杨，”的诗句。而杨树作为栽培树种在我国也有两千多年的历史。春秋战国时期，我国劳动人民对杨树的栽培学特征已经掌握得很清楚。此期遗留下来的《惠子》一书，对杨树的栽培学特性曾作过十分生动的描述：“夫杨，横树之即生，倒树之即生，折而树之又生。然使十人树之，而一人拔之，则毋生。”当时的哲学家们在哲学辩论中专门引杨树为例，充分说明当时杨树栽培已经有一定的社会地位，人们对它已习以为常。

1300多年前《晋书》所录的民风中有“长安大街，夹树杨槐”之句。这说明当时杨树栽培已不限于农村，它已进入城市，成为绿化树种。

千百年来，杨树一直是北方平原农村绿化的主要树种，在杨、柳、榆、槐4大树种当中，杨树毋庸置疑地居于首位。但在长期封建制度统治下，严重地束缚了生产力的发展，杨树栽培始终是粗放的、散植的，其木材利用也仅限于民用建筑和家具制造，或用于补充燃料和饲料之不足，产量非常低下。

新中国成立后，随着工农业生产建设的飞速发展，杨树人工林的栽植面积也逐步扩大。现在中国的杨树人工林面积已经发展到667万hm^2，约占全国人工林面积的1/5，是世界其他国家杨树人工林面积总和的4倍。除了大面积的杨树片状用材林外，杨树在农田防护林、沙区防护林、牧场防护林和四旁植树中也占有很大比重。在我国生态防护林和工业用材林建设中发挥着重要作用。

3 辽宁杨树发展进程

辽宁省是中国杨树发展的重要省份之一。新中国成立以来，纵观辽宁杨树栽培发展史，大致经历了3个不同的发展阶段。而且每个阶段都伴随着杨树品种的更新换代和栽培经营水平的提高，都以国家的大型项目和工程为契机，使得杨树生产力水平得到很大的发展和进步。

3.1 原始粗放生产阶段（20世纪50年代~70年代末）

辽宁省有计划的杨树造林始于20世纪50年代，当时主要是营造沿河流域的护岸林和风沙地区的防风林，也搞了一些片状造林，所谓的“卫星林”。采用的杨树品种几乎都是当地的乡土树种——小叶杨和小青杨及其杂种等。栽植方法就是从母树上砍下枝杈，也没有什么固定的规格要求，进行埋干、插干造林。从一个极度贫穷落后的封建社会里脱胎而出的新中国，一穷二白，在一无资金、二无技术的情况下，欲实现快速绿化，只有采用老祖宗的方法来完成造林任务。尽管 50、60 年代栽植的杨树，形成了许多“小老树”，没有创造出多少经济效益，但是，在保持水土、防风固沙、保护农田、绿化居住环境等方面发挥了不可低估的生态作用。

1962 年，辽宁省成立了杨树专业研究机构——辽宁省杨树试验站，1978 年改称辽宁省杨树研究所。该所承担了杨树育种、栽培、病虫害防治等系统的科学试验研究工作。试验研究与生产实践的密切结合，把辽宁省的杨树发展推上一个又一个新台阶。首先是研究所取得选、引、育种工作成就，较快地丰富了杨树栽培的品种资源。到 70 年代中期，在全省各地参试的杨树杂交组合及国内外杨树品种、无性系达百余种之多。初步推广应用于生产中的有 10 多种。新品种的推广和应用激发了人们的造林热情，加快了平原绿化的步伐。如台安县、新金县等一些平原绿化先进县，几乎到处都是杨树。广大平原地区基本都用北京杨、群众杨、合作杨、小钻杨等新品种等取代了小叶杨、小青杨等原有的老品种，完成了有史以来第一次杨树良种的更新换代任务。杨树良种选育为杨树发展带来的科技进步也第一次凸现。与此相应的栽培技术还远远滞后，尽管在栽培密度、适地适树、壮苗繁育、经营管理等方面也初步取得了一些科研成就，但还没有效地应用到生产中去，原始落后的粗放经营管理方式限制了优良品种应有的生产力的充分发挥。加之 60 年代中期到 70 年代中期“十年耗竭”，无政府主义思潮泛滥，不按科学规律办事，致使许多地方对杨树乱砍滥伐，毁林开荒，盲目生产，形成一个发展与破坏并存的局面。虽然杨树栽培仍未脱离原始落后的经营管理方式，但是由于新品种的诞生和应用，杨树人工林的生产力水平达到了 $7.5 \sim 9.0m^3/hm^2 \cdot a$，比小叶杨、小青杨的林分产量提高了一倍以上。

3.2　速生丰产发展阶段（20 世纪 80 年代 ~20 世纪末）

党的十一届三中全会之后，我国的杨树发展迎来了新的机遇，原林业部于 80 年代初就建立了速生丰产用材林基地试点 13 万多 hm^2，成为全国的示范。1980 年中国申请加入国际杨树委员会，中国的专家与国外交往频繁，一些先进的生产技术和优良品种不断引进，促进了杨树快速发展。

辽宁的杨树栽培除了加强“绿色长城”——杨树农田防护林和平原耕区的方田林网化的建设外，大力营造杨树人工用材林是个重头戏。70 年代后期就开始了杨树速生丰产林栽培技术的研究。在遗传控制、立地控制、密度控制、优化造林配置方式及病虫害防治等方面的许多单项研究取得重大科研成果的基础上，进一步将这些单项技术组装配套，进行综合技术开发，总结出一套适于辽宁的杨树速生丰产的集约栽培技术。

在杨树集约栽培技术中，杨树良种是最主要的要素。自 1980 年起到 90 年代中期，辽宁先后鉴定并推广了沙兰杨、健杨、I-45/51 杨、荷兰 3930 杨、荷兰 3016 杨、辽宁杨、辽河杨、盖杨等速生的欧美杨及美洲黑杨与彰武小钻杨、鞍杂杨、锦县小钻杨、昌图小钻杨、北镇小钻杨等共计 20 多个新品种。在辽宁的各个杨树生态区里都有了与其相适应的杨树优良新品种。尤其是辽宁杨等是利用南方型美洲黑杨和北方型美洲黑杨进行杂交而创造出的既速生又抗病的美洲黑杨基因型，是美洲黑杨杂交育种的重大突破。标志着辽宁省的杨树遗传改良达到了国际先进水平。采用这些杨树良种，通过集约栽培技术集中连片地培育杨树速生丰产林，尤其是实施世界银行贷款造林项目，在 10 几个市县的广大区域里全面铺开，使杨树速生丰产林的造林规模迅速扩大。到20世纪末，全省共有杨树速生丰产林15万hm^2以上，其生长水平达到$15m^3/hm^2 \cdot a$以上，超过了国家制订的丰产标准，与70年代相比，单位面积产量已成倍增长。一些高产林分，12年生的杨树单位面积蓄积量达到$330m^3/hm^2$以上。

3.3 定向培育工程建设阶段（21世纪以来）

跨入21世纪以来，我国的林业建设开始了历史性的转变，为了实现林业的跨越式发展，林业6大工程建设同步启动。早已被纳入寒温带的东北内蒙古速生用材林基地建设中的辽宁省，于2002年启动了辽宁重点地区速生用材林基地建设工程。《辽宁省林业产业发展纲要》规划了辽宁中西部40个县（市、区），到2015年发展杨树速生丰产林25万hm^2，把用材林基地建设成为造纸厂、人造板厂的第一车间，走贸工林一体化、产供销一条龙的产业道路，这标志着辽宁省杨树发展已经步入了定向培育的工程建设阶段。

定向培育是一种森林培育的科学制度。它的基本定义是指按最终用途所确定的对木材原料的要求，采用集约经营等科学管理措施，缩短营林周期，生产出种类、质量、规格大致相同的具有价格竞争力的大批木材原料，是工业木材原料生产之间关系密切的一种森林培育的科学制度。林纸结合，实现林纸一体化是造纸业和林业的共同选择。定向培育杨树速生丰产纸浆原料林，是使再生资源永续利用、促进林产工业体系形成、森林可持续发展的长效机制确立的基础工程建设。

随着林业两大体系建设进程的加快，随着辽宁林业2010年远景目标的逐步实施，随着退耕还林、速生丰产林等大的项目工程的启动实施，随着辽宁省广大群众和造林专业户对杨树造林积极性的高涨，杨树栽培呈现一个空前的大发展时期。栽培品种和配套的定向培育技术模式将更加成熟和完善，辽宁省的杨树栽培又完成一次大的发展和飞跃。

二、杨树资源概况及特点

1 活立木资源及其分布

杨树大约有100多个天然种分布在世界各地，我国有53种。辽宁的杨树资源中，乡土树以青杨派和白杨派杨树为主，常见的共有7个物种，在历史上起着一定的生态作用。除了原有的天然种外，目前栽培的绝大部分属于人工栽培品种、自然或人工杂种及其无性系，近年来辽宁杂交育种加之引进品种上百种，在生产上实际应用的约30多种。

据2004年调查，现在辽宁省杨树总面积为49.73万hm^2，占全省森林面积的15.42%；杨树总蓄积量为2366.93万m^3，占全省活立木蓄积量的12.79%。杨树人工林面积47.08万hm^2，占杨树总面积的94.73%，占全省人工林面积的31.4%；蓄积2274.58万m^3，占杨树总蓄积量的96.10%，占全省人工林蓄积的39.2%（表1-1），现在杨树已成为辽宁省人工造林的第一树种。

表 1-1　辽宁省各地区杨树人工林、天然林面积、蓄积统计表

（单位：万 hm^2、万 m^3）

地　区	人工林				天然林			
	面积	%	蓄积量	%	面积	%	蓄积量	%
营口市	0.06	0.13	1.86	0.08	0.01	0.38	0.08	0.09
抚顺市	0.10	0.21	1.62	0.07	0.32	12.08	33.10	35.84
丹东市	0.47	1.00	4.59	0.20	1.12	42.26	8.47	9.17
辽阳市	0.79	1.68	35.08	1.54	0.00	0.00	0.00	0.00
盘锦市	0.92	1.95	39.49	1.74	0.00	0.00	0.00	0.00
鞍山市	1.07	2.27	82.80	3.64	0.00	0.00	0.00	0.00
本溪市	1.60	3.40	43.00	1.89	0.00	0.00	0.00	0.00
大连市	1.82	3.87	92.16	4.05	0.00	0.00	0.00	0.00
葫芦岛市	2.21	4.69	85.08	3.74	0.00	0.00	0.00	0.00
铁岭市	2.40	5.10	267.20	11.75	0.40	15.09	20.00	21.66
锦州市	3.34	7.09	268.60	11.81	0.00	0.00	0.00	0.00
朝阳市	7.30	15.51	403.70	17.75	0.00	0.00	2.20	2.38
沈阳市	10.20	21.67	528.30	23.23	0.80	30.19	28.50	30.86
阜新市	14.80	31.44	421.10	18.51	0.00	0.00	0.00	0.00
合　计	47.08	100.00	2274.58	100.00	2.65	100.00	92.35	100.00

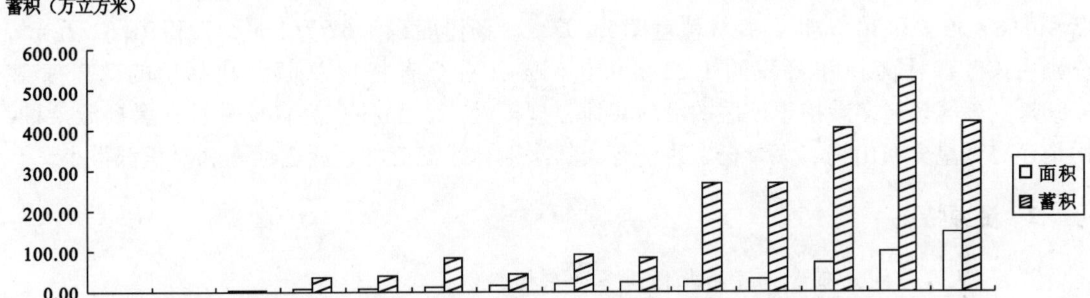

图 1-1　辽宁省各地区杨树人工林面积、蓄积分布图

杨树天然次生林面积 2.65 万 hm^2，占杨树总面积的 5.27%；蓄积 92.35 万 m^3，占杨树总蓄积量的 3.90%。全省杨树分布不均，杨树人工林分布中，西部最多，北部次之，南部较少，而东部山区更少，主要分布在沿河两岸；阜新的面积最大，14.80 万 hm^2，占全省杨树人工林总面积的 31.44%；营口的面积最小，0.06 万 hm^2，只占总面积的 0.13%。沈阳的蓄积量最大，528.30 万 m^3，占全省人工林总蓄积量的 23.23%，抚顺的蓄积最小，1.62 万 m^3，只占总蓄积的 0.07%（图 1-1）。这种分布状况主要是辽宁省不同地区地形、气候、土壤等栽培条件的影响而形成的。

1.1　辽西北地区

包括朝阳、锦州、葫芦岛、阜新全境，铁岭、沈阳的部分县区，是全省杨树重点区，也是生态建设重点区。有林地面积 118.48 万 hm^2，蓄积 3314.85 万 m^3，分别占全省森林面积和蓄积的 25.53% 和 17.87%，森林覆盖率 20.01%。杨树面积 30.45 万 hm^2，蓄积 14 67.88 万 m^3，分别占该区森林面积和蓄积的 25.70% 和 44.28%，占全省杨树总面积和蓄积的 61.65% 和 62.02%，是辽宁省杨树最多的地区。该区还存在部分建国初期和 60 年代营造的小叶杨、小青杨低质、低产林分，亟待进行改造更新。70 年代以后，进行一定面积的品种更新，营造了大量的小钻杨、北京杨、群众杨等速生林品种，虽比小叶杨、小青杨等生长量大，但由于采取的营林措施不同，产量的差异较大。近年来才栽植了针对辽西北地区干旱、寒冷的较恶劣的条件选育或引进优质、速生、抗逆性强的黑杨派品种，如荷兰 3016 杨、辽育 1、2 号杨等，但也不是该区所有地方都完全适应的。

1.2 辽中南沿海地区

包括盘锦、大连全境，丹东、沈阳、辽阳、鞍山、营口等平原和沿海部分，是防护林体系和城镇绿化的集中区。有林地面积 51.59 万 hm^2，蓄积 1070.13 万 m^3，分别占全省森林面积和蓄积的 11.12% 和 5.77%，森林覆盖率 15.68%。杨树面积 15.67 万 hm^2，蓄积 808.27 万 m^3，分别占该区森林面积和蓄积的 30.37% 和 75.53%，占全省杨树总面积和蓄积的 31.50% 和 34.15%。辽中南地区 80 年代开始引进并栽植沙兰杨、健杨、I-214 杨等欧美杨类品种，进入 90 年代又栽培了经遗传改良的辽宁杨、盖杨、荷兰 3930 杨等美洲黑杨和欧美杨类品种。2000 年以来，107 杨、108 杨栽培发展很多，加之这一地区气候、土壤得天独厚的条件，这一地区是辽宁省杨树生产力水平较高的地区。

1.3 辽东地区

包括抚顺、本溪全境，丹东、铁岭、辽阳等的山区丘陵县，是全省天然林保护和水源涵养林建设核心区。有林地面积 294.03 万 hm^2，蓄积 14161.35 万 m^3，分别占全省森林面积和蓄积的 63.35% 和 76.36%，森林覆盖率 53.07%。杨树面积 3.62 万 hm^2，蓄积 91.31 万 m^3，分别占该区森林面积和蓄积的 1.23% 和 0.64%，占全省杨树总面积和蓄积的 7.28% 和 3.86%。该区杨树多栽植于该区的沿河滩地，规模较小，品种多为青杨派及青黑杨派杂种，山地还有零星分布山杨、大青杨、香杨等天然次生林或混交林，所占面积和蓄积都很小。

2 资源特点

2.1 从资源的分布看，辽西北杨树多辽东杨树少

杨树在全省分布极不平衡，辽西北地区杨树面积 30.45 万 hm^2，蓄积 1467.88 万 m^3，分别占全省杨树总面积和蓄积的 61.65% 和 62.02%，是杨树最多的地区。辽东地区杨树面积 3.62 万 hm^2，蓄积 91.31 万 m^3，分别仅占全省杨树总面积和蓄积的 7.28% 和 3.86%（图 1-2）。

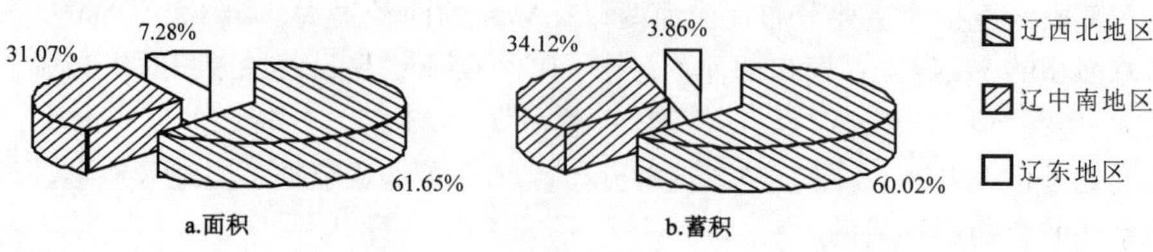

图 1-2 辽西北、中南、东部地区杨树面积、蓄积分布比例图

2.2　从资源起源看，人工林多天然林少

杨树人工林面积 47.08 万 hm^2，占杨树总面积的 94.73%；蓄积 2274.58 万 m^3，占杨树总蓄积量的 96.10%。天然次生林面积 2.65 万 hm^2，占杨树总面积的 5.27%；蓄积 92.35 万 m^3，占杨树总蓄积量的 3.90%（图 1-3）。

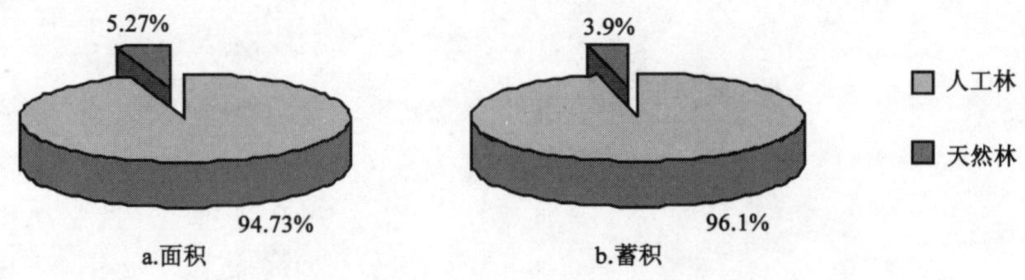

图 1-3　辽宁省杨树人工林、天然林面积、蓄积比例图

2.3　从资源权属看，非公有制造林多国有林少

从铁岭、朝阳、阜新、沈阳、辽阳、大连统计的数据看（表 1-2），全省杨树国有林面积占 14.48%，国有林蓄积占 15.47%；非公有制造林面积占 85.52%，蓄积占 84.53%。

表 1-2　辽宁省杨树不同权属面积、蓄积统计表

（单位：万 hm^2、万 m^3）

权属	面积		蓄积量	
	面积	%	蓄积量	%
其中　国有林	5.40	14.48	270.43	15.47
非公有林	31.90	85.52	1477.11	84.53
合　计	37.30	100.00	1747.54	100.00

注：铁岭、朝阳、阜新、沈阳、辽阳、大连统计数据

2.4　从林种结构看，用材林多防护林少

全省杨树的林种结构主要划分为用材林和防护林，还有少量的特用林，薪炭林则更少（未列出）。从林种所占面积来看，用材林面积占 59.41%，蓄积占 56.81%；防护林面积占 39.52%，蓄积占 42.43%（表 1-3）。

表 1-3　辽宁省杨树不同林种面积、蓄积统计表　（单位：万 hm^2、万 m^3）

林种	面积		蓄积量	
	面积	%	蓄积量	%
其中用材林	22.16	59.41	992.83	56.81
防护林	14.74	39.52	741.43	42.43
特用林	0.40	1.07	13.27	0.76
合　计	37.30	100.00	1747.54	100.00

注：铁岭、朝阳、阜新、沈阳、辽阳、大连统计数据

2.5　从龄组结构看，幼龄林面积较大蓄积较小，成熟林面积较小蓄积较大

全省杨树林分龄组的结构是不平衡的（表 1-4），其中杨树幼龄林面积较大，幼龄林面积占到杨树面积的 30.03%；而成熟林蓄积较大，成熟林蓄积占到杨树蓄积的 33.84%（图 1-4）。

表 1-4 辽宁省杨树不同龄组面积、蓄积统计表

（单位：万 hm^2、万 m^3）

龄组	面积		蓄积量	
	面积	%	蓄积量	%
其中 幼龄林	14.14	30.03	174.58	7.68
中龄林	8.45	17.95	347.95	15.30
近熟林	8.15	17.31	531.98	23.39
成熟林	9.43	20.03	769.83	33.84
过熟林	6.91	14.68	450.24	19.79
合计	47.08	100.00	2274.58	100.00

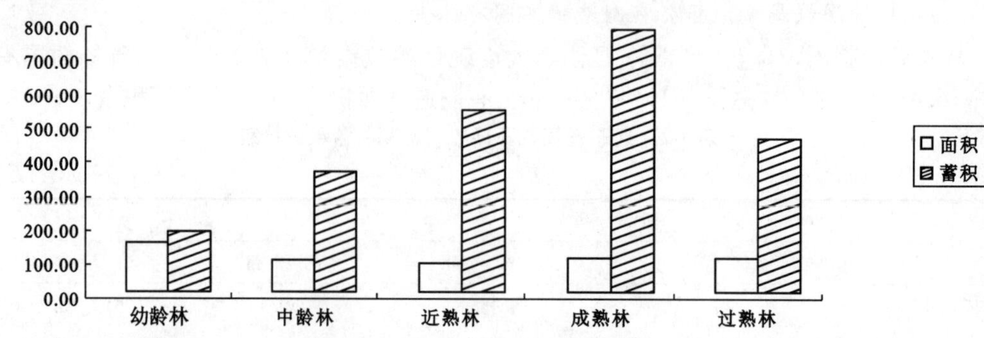

图 1-4 辽宁省杨树不同龄组面积、蓄积分布图

2.6 从径级结构看，中径材蓄积多、大径材少

从全省的杨树径级分布情况看出（表 1-5），中径组（14～24cm）的蓄积最大，占总蓄积的 45.75%；其次是大径级（26～36cm）和小径级（6～12cm），最小是特大径级（38cm 以上）。从商品林和公益林两个不同林种来看，商品林小径组的蓄积要比公益林小，而商品林中径组的蓄积要比公益林大。

表 1-5 辽宁省杨树商品、生态林各径级组蓄积统计表

（单位：万 m^3）

分类	合计		小径组（6～12cm）		中径组（14～24cm）		大径组（26～36cm）		特大径（38cm 以上）	
	蓄积	%	蓄积	%	蓄积	%	蓄积	%	蓄积	%
商品林	992.83	100.00	162.96	16.41	496.86	50.04	297.65	29.98	35.54	3.58
公益林	754.71	100.00	196.68	26.06	302.64	40.10	227.49	30.14	28.00	3.71
合计	1747.54	100.00	359.64	20.58	799.50	45.75	525.14	30.05	63.54	3.64

注：沈阳、朝阳、铁岭、辽阳、阜新、大连统计数据

3 资源增长情况

辽宁省杨树人工林的发展速度较快，特别是在 20 世纪 90 年代中期以后，随着“三北”防护林、沿海防护林、速生丰产林、世行造林、退耕还林等大工程的启动和实施，杨树造林

得到了突飞猛进的发展。据 1995 年省森林资源清查结果，1995 年杨树面积为 24.62 万 hm^2，蓄积 1443.49 万 m^3。就单一树种而言，面积排在油松、落叶松之后，蓄积量排在油松之后。到 2003 年底，全省杨树面积发展到 49.73 万 hm^2，蓄积量达到 2366.93 万 m^3，分别比 1995 年增加 101.99% 和 63.97%（表 1-6）。单一树种的面积和蓄积均处在第一位。

表 1-6　辽宁省杨树资源消长情况统计表

（单位：万 hm^2、万 m^3）

杨树资源	1995 年		1999 年		2003 年		1999 比 1995 年消长值%		2003 比 1995 年消长值%	
	面积	蓄积	面积	蓄积	面积	蓄积	面积	蓄积	面积	蓄积
全省	24.62	1443.49	33.95	1901.90	49.73	2366.93	37.90	31.76	101.99	63.97

注：1995 年数据为辽宁省 1995 年森林资源清查结果；1999 年数据由营口、辽阳、铁岭、沈阳、朝阳、阜新基础数据推算；2003 年数据为辽宁省各地区调查统计结果

三　辽宁杨树发展前景和发展对策

1　辽宁杨树发展前景

当前，林业发展面临着千载难逢的良好机遇。《中共中央国务院关于加快林业发展的决定》，为林业的发展指明了方向；同时国民经济和社会发展对林产品的多样化需求在持续增长。目前，我国年均净消耗森林资源 3.65 亿 m^3，木材供给缺口 1 亿～1.5 亿 m^3，森林资源的压力，对于发展中的林业产业比以往任何时期都严峻。而我国是森林资源相对贫乏的国家之一，森林资源总量相对不足，人均森林面积和蓄积分别只有 0.13hm^2 和 9.42m^3，仅相当于世界人均占有量的 22% 和 14.6%，与此同时，现阶段我国木材综合利用率也仅为 60%，与发达国家的 80% 以上相比仍有很大差距。

辽宁省的情况更加不容乐观，全省人均森林面积和蓄积仅为 0.1hm^2 和 3.9m^3，远远低于全国和世界水平，辽宁省的森林平均蓄积仅 38m^3/hm^2，不足全国 78.6m^3 的一半，木材供给缺口达到 40%～50%。就杨树而言，截止 2003 年底，杨树面积发展到 49.73 万 hm^2，蓄积量达到 2366.93 万 m^3，比照 1995 年全省森林资源清查时，虽然 8 年间面积和蓄积分别增长了 101.99% 和 63.97%。但全省的木材加工利用企业对木材的需求也在迅猛增加，据初步测算，仅金城造纸股份有限公司、沈阳文成木业集团、桓仁人造板厂等几家大型企业需要木材年蓄积量就在 150 万 m^3 以上，这还不包括正在论证中准备上马的金光纸业集团的年需杨树木材 50 万～80 万 m^3 造纸项目，而杨树资源 1999～2003 年的年平均增长只在 120 万 m^3 左右。可见杨树木材市场的前景广阔，辽宁省杨树产业发展潜力巨大和发展的艰巨性。

2　辽宁杨树发展对策

2.1　加强科学研究，实现自主创新，为杨树产业发展和工程建设提供技术支撑

科学技术是第一生产力，科技作为生产力要素的主导因素，是现代经济发展中最主要的驱动力。纵观辽宁省杨树发展的不同时期，都与杨树科研工作紧密相连，杨树生产力水平的提高，都是随着杨树新品种的更新换代和培育技术的进步而开始的。但在产业发展中也存在

杨树科研的科技支撑作用没有充分发挥，科研工作没有很好进入到经济建设的主战场等问题。

在杨树优良品种选育方面存在着育种策略简单、未很好利用现有资源、常规育种和现代生物技术结合不紧密、乡土资源保存重视不够，杨树用材林栽培区特别是辽西北地区缺乏适应性强的优良品种等问题。在栽培技术和措施上还存在栽培品种选择不当，密度及配置方式不适，定向目的培育目的不明确，针对不同的立地条件缺乏配套完善的培育技术措施等。针对目前发展的密度过大的杨树退耕还林工程造林和生态林的技术改造和复合经营等等诸多问题。

下一步科研就要通过常规育种、基因工程和现代信息技术等方法和手段，实现自主创新，突破产业发展的技术“瓶颈”，选育出更加适于全省不同工业用材林栽培区的优良耐盐、耐旱、耐瘠薄、抗病虫害的优良新品种。同时根据当地的气候、土壤和社会经济条件，和育种成果相结合，开展杨树工业用材林高效栽培模式、杨树人工林复合经营及经济效益评价等试验研究，提出不同地区杨树工业用材林定向培育的栽培模式和技术措施、生态林改造和经营方案，提高生产力。根据辽宁省实际情况研究提出杨树用材林有害生物可持续控制的策略及其实施方案；进行森林有害生物预测预报，进行生物、化学等综合防治等；控制有害生物在合理阈值之内，保证林产品的质量要求。要加强生产上迫切需要的重点和难点关键性技术进行科技攻关，加大杨树科研的资金投入，深化林业科技体制改革，鼓励杨树科研院所融入到大型杨树产业发展项目中，加快科研成果的研究和转化，为工程提供智力支撑；鼓励科研单位建立科技示范点，提供杨树科技推广服务，加快成果转化。

2.2 加速杨树木材资源由粗放经营向集约经营转变，提高产量，缓解木材供需矛盾

辽宁省杨树人工林的生产力平均水平约为45m³/hm²，如果去掉中幼龄林的因素只计算近、成、过熟林的产量水平也只有65～80 m³/ hm²，产量水平很低；而且存在大面积的杨树人工纯林造成群落的结构简单、稳定性差，经济效益和生态效能降低，地力衰退等问题。各地区在杨树生产发展过程中普遍存在缺乏杨树产业化和科学管理的意识，存在科技含量不高，资金投入少，定向培育及集约经营配套技术还没有得到足够重视的问题，还存在着杨树造林地立地条件的差异以及经济因素——纸板等第二产业拉动不足等问题。

由粗放经营向集约经营转变，就是要提高科技含量和科技创新意识，加速科技成果的转化，向科学经营管理要效益。目前辽宁省杨树资源的数量和质量都有很大的发展空间，集约经营和实现定向培育就是要在产出多、质量好、效益高、低消耗和可持续发展上做文章。

2.3 实现一二产业的共同发展，强化杨树资源培育与加工利用之间的关系

发展区域经济，实现杨树生产的第一产业发展就要和杨木材加工利用的第二产业联合起来，共同发展。杨树产业实现“公司＋基地＋农户”的产业经营形式，以市场为导向，实现杨树的栽植、加工、贸易各环节一体化经营。杨树加工企业作为龙头企业，按照规模建立自己的原料基地，按照市场需求，与林农签订产销合同，提供配套服务；林农按照合同栽植和交售，杨树加工企业再按合同收购、加工，并将产品销售到国内外市场，提高综合效益。

2.4 调整木材加工利用工业的技术结构和布局，实现企业技术创新，培植龙头企业

辽宁省整个杨木加工行业目前还没有走出资源型和初加工的发展阶段。大量的规模不经济、技术含量低、附加值小的家庭作坊式的私有小型木材加工企业一方面活跃了木材加工市场，促进农村市场经济的发展；但另一方面也引发了企业的恶性、无序竞争，造成资源的过

度消耗和浪费。

要大力培育高新技术产业，研究高效工业加工利用技术，改造锯材、人造板、林浆纸、高档家具、新兴高档装饰材料和建筑材料等传统产业，促进林产品的升级换代，向集约化、规模化、现代化、信息化和环保化发展，形成和创造新的需求，使传统产业焕发新的活力，促进产业发展；通过经济管理知识的培训、引进管理人才等方式，提高产业的经营管理水平；积极培育杨木加工的龙头企业，并充分发挥“龙头”的拉动、带动和辐射作用。

2.5　政府和管理部门制定规划和发展战略，加强服务，为杨树发展保驾护航

各级政府和林业主管部门应站在战略高度，确立杨树产业发展的战略目标和总体发展规划，明确杨树发展的结构和布局，按照杨树发展的现状来规划工业用材林的生产基地和发展目标等，实现杨树产业自身的可持续发展，满足社会经济发展对杨树产品的需求，提高经济效益和生态效益，促进辽宁的两大体系建设。

进一步深化林业产权制度改革，调动社会各界力量，多层次、多形式参与林业建设。稳定林地所有权，放活林地的使用权和经营权，保护经营者和生产者的合法权益。进一步活化经营机制，调动社会各方面和千家万户参与杨树速生丰产林、用材林建设，从而将过去低效的外部督促机制转换成高效的内部自组织机制；进一步完善林权合理流转的程序，建立林地使用流转和活立木转让市场，建立科学合理的林地、林木价值评估机构，使林地林木产权流转健康、合理、有序。要坚持科学发展观，从实际出发，增强服务意识，循序渐进，坚持资源的可持续经营和可持续发展。

第2章　杨树分类和资源分布

一、杨树分类和资源分布

1　杨属特征及分派检索表

在植物分类学上，杨树属于杨柳科（*Salicaceae*）的杨属（*Populus*）。本科传统上分为3个属，即：杨属（*Populus* L.）、柳属（*Salix* L.）、钻天柳属（*Chosenia* Nakai）。

杨属为落叶乔木。树干通常端直，树皮光滑或纵裂，常为灰白色。枝有长（包括萌枝）短枝之分，圆柱形或具棱线。有顶芽（胡杨无），芽鳞多数，常具黏脂。单叶互生，常卵形、长卵形、三角形或卵圆形，在不同的枝（长枝、萌枝和短枝）上常为不同的形状，齿状缘或齿牙状缘，罕具裂片或全缘；叶柄长，侧扁或圆柱形，先端有或无腺点。花单性，雌雄异株，稀两性，柔荑花序下垂，常先叶开放，每花基部具一斜杯状花盘，着生在尖裂或条裂的包腋内，苞片膜质，早落；雄花有雄蕊4个以上，着生于花盘内，花药常为暗红色，花丝较短，离生；子房花柱短，罕无，柱头2~4裂。蒴果2~4（5）瓣裂。种子细小，具毛，多数；子叶椭圆形。

杨属共分5派，杨属各派的形态特征列于表2-1，分派检索表列后。

表2-1　杨属各派的形态分类主要特征

派、亚派		芽	叶片	叶柄	雄花	雌花	果
白杨派	白杨亚派	小，披绒毛	短枝叶较小，常为椭圆形、稀圆形，长枝与萌枝叶分裂，下面密被绒毛	短而圆	柔荑花序，8~10cm，6~10雄蕊	柔荑花序，5~11cm，4柱头	蒴果，2瓣裂
	山杨亚派	小，无毛，有光泽，稀有柔毛，或芽鳞边缘有毛	短枝叶常为圆形、卵圆形，长枝与萌枝叶不分裂，不为永久性毛	长而扁	柔荑花序，8~10cm，5~20雄蕊	柔荑花序，10~12cm，2柱头	蒴果，2瓣裂
大叶杨派		富黏脂，有光泽	大形，基部心脏形	圆	12~30雄蕊	2~3柱头	蒴果，2~3瓣裂
青杨派		常较大，有粘液，具芳香	卵形，卵圆形或椭圆形，长大于宽，基部常圆形或楔形，下面常苍白色	圆	15~16雄蕊	2~4柱头	蒴果，2~4（5）瓣裂
黑杨派		大型，有黏脂，具光泽	正三角形、三角形或菱形，具半透明的叶缘	扁	12~60雄蕊	2~4柱头	蒴果，2~4瓣裂
胡杨派		有毛，稀疏毛或无毛	变异很大，上部常具齿牙，长短枝叶异形	圆或先端稍扁	柔荑花序，大而红，8雄蕊	8柱头，红色	蒴果，3瓣裂

杨属植物分派检索表

1. 小枝无顶芽，叶两面同为灰蓝色，花盘膜质、早落…………………………………………… Ⅴ. 胡杨派
1. 小枝具顶芽，叶两面异色或同为绿色，花盘不为膜质、宿存。
  2. 叶基常为心形或深心形，花盘深裂，子房被毛，果实被毛…………………………………… Ⅱ. 大叶杨派
  2. 叶基常为圆形或截形，稀心形，花盘不裂，子房与朔果光滑，稀被毛。
    3. 叶柄圆柱形，表面具沟槽，叶背常为白色，朔果多为3~4（5）裂，稀2裂 …………… Ⅲ. 青杨派
    3. 叶柄侧扁，稀圆柱形，叶背常为绿色或苍白色，朔果多光滑，2瓣裂。
      4. 叶常为三角形或卵圆形，边缘不具半透明边，朔果表面平滑，苞片有长毛，芽常无黏脂 …… Ⅰ. 白杨派
      4. 叶常为三角形或菱状三角形，边缘具半透明边，朔果表面有皱纹，苞片无毛光滑 … Ⅵ. 黑杨派

2　杨树资源的地理分布及各派特征

国际杨树委员会根据植物分类的有关法规制度把杨属又下分派（或组）和亚派、种、亚种、变种、杂种和品种等。

胡杨派（Section *Turanga* Bunge）；

白杨派（Section Duby），本派又下分两个亚派。即：

　山杨亚派（Subsection *Trepidae*）；

　白杨亚派（Subsection *Albidae*）。

黑杨派（Section *Aigeiros* Duby）；

青杨派（Section *Tacamahaca* Spach）；

大叶杨派（Section *Leucoides* Spach）。

我国杨属天然种资源丰富，5个派中都有代表种分布，并且有些种为我国所特有。

2.1　胡杨派

本派共有两个种，胡杨和灰胡杨，在辽宁省都不宜引种栽培。其中胡杨（*Populus euphratica* Oliv.）分布范围很广，从东亚到南欧和非洲都有其天然分布。在我国主要分布在内蒙古、新疆等沙漠地区的河流两岸。以塔里木河中、上游为最多，林地面积近50多万 hm^2。而灰胡杨（*P. pruinosa* Schrenk）则主要分布在我国新疆塔里木河上、中游。在苏联中亚细亚和中东也有少量分布。胡杨和灰胡杨抗旱和抗盐能力很强，同时也是珍贵的基因资源。以胡杨为亲本之一可以育出抗盐、抗旱性强的杨树杂种。如小×胡、箭×（胡+毛）等等。本派树种主要靠种子繁殖，无性繁殖极为困难，扦插不能成活。

本派的鉴别特征：芽有毛，无粘质；叶形多变化，两面同为灰蓝色，仅下面有气孔，气孔主要为不规则型，少数为平列型；叶柄圆柱形；花盘膜质，浅或深裂，具尖齿，早落；雄蕊15~35，花药长，先端具细尖；子房长卵形；柱头极大，3~4裂；苞片匙形，膜质，近白色。先端暗紫色；蒴果长圆锥形，有果柄，3（2）瓣裂。我国有2种。

2.2　白杨派

2.2.1　山杨亚派

本亚派天然种有广泛的地理分布，其中欧洲山杨（*P. tremula* L.）分布最广。在欧洲、西亚和北非都可以看到欧洲山杨的天然分布。在我国可以在新疆天山和阿尔泰等地看到欧洲山杨。我国分布最广的是欧洲山杨的一个变种——中国山杨（*P. tremula* var. *davidana* Dode），它往往在火烧迹地上形成纯林或与红松、落叶松、以及白桦等形成比重不等的混交

林。辽东山区有较广泛分布。

山杨亚派中还有分布于北美洲广大地区的美洲山杨（*P. tremuloides* Michx.）和分布于美国北部和加拿大南部的大齿杨（*P. grandidentata* Michx.）。

本亚派的鉴别特征：芽被绒毛；长枝与萌枝叶浅裂或深裂，叶背面被白色或灰色绒毛；短枝叶椭圆形，稀圆形，背面初有毛，后渐脱落；叶柄圆柱形，较短；花序轴被绒毛，雄蕊6~10，柱头4裂，苞片分裂很浅。

2.2.2 白杨亚派

本亚派代表种为银白杨（*P. alba* L.），它在欧、亚、非3洲都有广泛分布。我国新疆阿尔泰地区的额尔齐斯河流域也有银白杨天然林存在。

分布于欧亚大陆的雪白杨（*P.* ×*nivea* Willd）和新疆杨（*P. alba* var. *pyramidalis* Bge.）都是银白杨的近亲。有人把它们看作是银白杨的变种。

白杨亚派中的毛白杨（*P. tomentosa* Carr.）是我国特有的优良用材和观赏树种，其适生分布区主要在黄河中下游。

由我国新疆阿尔泰地区向西直到欧洲中部。在河流两岸还分布有银灰杨（*P.* ×*canescens* Smith）。一般认为它是欧洲山杨和银白杨的天然杂种。

该亚派属强喜光树种，多数种耐高温、抗寒冷，并且具有较强的抗干旱、耐盐碱能力。白杨亚派是杨树中主要的观赏和用材树种。该亚派可以进行无性繁殖，可采取根蘖、嫁接，也可以扦插（有些树种不可以），但成活率较低，本亚派中的银白杨、新疆杨和毛白杨在辽宁均有引种栽培。

本亚派的鉴别特征：芽常无毛，有光泽或微被柔毛，或仅芽鳞有缘毛；长枝与萌枝叶不分裂，叶缘锯齿状或浅波状，叶背面无永久性毛；短枝叶圆形或卵圆形，较小；叶柄较长，侧扁；花序轴有短柔毛，雄蕊5~20，柱头2裂，苞片深裂。

2.3 黑杨派

本派天然种不多，但经济价值和遗传学价值极高。目前世界上使用的绝大多数栽培品种都源出黑杨派。

该派杨树资源主要有：美洲黑杨、欧洲黑杨、加利福尼亚杨、阿富汗杨、得克萨斯杨、中东杨等。其中，美洲黑杨与欧州黑杨所产生的杂种欧美杨及其无性系，在欧州、美洲、大洋洲、亚洲广泛栽培，具有重要的经济地位。

美洲黑杨（*P. deltoides* Marsh）是北美重要森林树种。自然分布在北美洲北纬30°~50°，主要分布在密西西比河及其支流河谷冲击平原。美洲黑杨主要有以下几种：棱枝杨（南方型）（*P. deltoides* ssp. *angulata* Ait.）、密苏里杨（中间型）（*P. deltoides* ssp. *Missouriensis* Henry.）、念珠杨（北方型）（*P. deltoides* ssp. *monilifera* Ait.）。

欧洲黑杨主要分布在占欧洲1/3的南部地区，有3个变种即光亮黑杨（*P. nigra* var. *candina* Tenore）、那坡里黑杨（*P. nigra* var. *neapolitana* Tenore）和梯威斯那黑杨（*P. nigra* var. *thevestina*）。欧洲黑杨的栽培种有钻天杨（*P. nigra*‘Italica’）和箭杆杨（*P. nigra* L. var. *thevestina*（Dode）Bean）等，在我国早有栽培。欧洲黑杨又称欧亚黑杨。

美洲黑杨与欧洲黑杨又有一系列天然和人工杂种，Hontzagers（1937）认为第一个欧美杨杂种是1752年在法国出现的，称晚花杨（‘Serotina’）。Moench（1785）将晚花杨称为加拿大杨（*P.* × *canadensis*）。1950年国际杨树委员会将所有美洲黑杨和欧洲黑杨的杂种后代称之为欧美杨（*P.* × *euramericana* Guinier），美洲黑杨和欧洲黑杨至今仍为育种工作者所采用的杂交亲本。

黑杨派的主要特性：分布广，阳性、喜光、喜水、喜肥、速生，是主要的用材树种，多数人工栽培的树种与本派有关，本派有性、无性均可繁殖，扦插也容易成活。辽宁没有这些种的天然分布，但引进和自育的杂交品种很多，并在杨树的栽培中起着极为重要的作用。

本派的鉴别特征：树皮很早就纵裂，芽光亮，富有粘质；叶通常为三角状卵形或菱状卵形，先端长渐尖，基部截形或阔楔形，边缘具圆锯齿，并有半透明狭边，两面皆为绿色，均有气孔，气孔主要为平列型，少数为不等细胞型，叶柄长而侧扁；雄蕊 15 ~ 30，花药近球形或椭圆形；苞片光滑，常条裂；柱头 2 裂，无花柱，蒴果 2 ~ 4 瓣裂，花盘宿存。

2.4　青杨派

青杨派树种只天然分布在亚洲和北美洲。我国拥有的青杨派树种最多，分布也最广。其天然种的数量占我国杨树天然种总数的一半以上。生长在我国最北部的是甜杨（*P. suaveolens* Fisch）、大青杨（*P. ussuriensis* Kom.）、香杨（*P. koreana* Rehd.）和辽杨（马氏杨）（*P. maximowiczii* A. Henry），这些都是生长在东北天然林区中河流两岸的高大乔木，高达 30m，直径 1m 以上。小叶杨（*P. simonii* Carr.）在我国分布最广，在西北、华北、东北、西南等 18 个省（区）都可看到它的天然分布。这是一个适应性很强的种，对气候和土壤条件要求不严格，是杂交育种的理想亲本。生长在云南中部和北部、贵州西部和四川西南部山区的滇杨（*P. yunnanensis* Dode）是我国特有种，也是天然分布中最南侧的一种（最南可达北回归线以南）。分布于四川、云南、甘肃南部和陕西南部山区的川杨（*P. szechuanica* Schneid.）及其变种藏川杨（*P. szechuanica* Schneid. var. *tibitica* Schneid），也是我国特有种，生长在海拔 2000 ~ 4500m 的高山地带。缘毛杨（*P. ciliata* Wall）则是只见于喜马拉雅山区的青杨派树种。

北美洲的青杨派主要有两个种，一是分布在洛矶山脉以西的毛果杨（*P. trichocarpa* Torr. et Gray），另一是分布在洛矶山脉以东的香脂杨（*P. balsamifera* L.）。这是两个重要的阔叶用材树种，在美国和加拿大都有大面积纯林或混交林。

天然分布区较广的青杨派树种。如小叶杨（*P. simonii* Carr.），又分化出许多变种，如塔形小叶杨、垂枝小叶杨、菱叶小叶杨和圆叶小叶杨等。毛果杨也可以区分出许多生态型，它们对光周期的反应有明显区别。

欧洲学者很重视青杨派树种的引种工作，他们从毛果杨中选出了一些栽培品种。我国林学家也在青杨（*P. cathayana* Rehd.）的选优中选出了一些适合在特定条件下栽培的优良类型。如园果青杨（适合在山西省 1800 ~ 2000m 高寒山区生长）、白皮青杨（在内蒙古自治区大青山一带生长、抗寒、抗病力强）、垂枝青杨、阔叶青杨等。

我国拥有丰富的青杨派树种基因资源，对于杂交育种工作极为有利，我国林学家以小叶杨、小青杨和青杨为母本，育出了许多优良的派间杂种。但总的来说，目前对青杨派树种还缺乏深入研究。从我国丰富的青杨派天然种中一定能选出更多的优良品种来。

本派的鉴别特征：树皮能较长时期保持光滑，以后多纵裂；芽大，富有粘质，有强烈香味；叶表面绿色，背面通常白绿色，两面均有气孔，气孔为平列型，长、短枝叶形状不同，基部楔形、圆形至浅心形，边缘不具半透明狭边；叶柄圆柱形或近四棱形，有沟槽，长短不等；雄蕊 8 ~ 60，花药长椭圆形至球形；柱头 2 ~ 4 裂，开展；花柱短或无，蒴果 2 ~ 4（5）

瓣裂，花盘平截，宿存。

中国产和引种的有37种，23变种，5变型；辽宁产6种，3变种。

2.5 大叶杨派

在大叶杨派树种中，除了一天然种异叶杨（*P. heterophylla* L.）生长在北美洲外，其他多是我国的特有种，主要有大叶杨（*P. lasiocarpa* Oliv.），分布于鄂、川、陕、贵、滇等，以鄂西和川东最多；椅杨（*P. wilsonii* Schneid）分布区与大叶杨相似；灰背杨（*P. glauca* Haines）产于四川、云南、西藏，在印度、不丹也有少量分布；长序杨（*P. pseudoglauca* Wang et Fu）生长在西疆的波密。

本派的鉴别特征：树皮呈片状开裂，粗糙；芽圆锥形，微有粘质，光滑；短枝与长枝叶近圆形，较大，基部心形或深心形，两面均有气孔，气孔为环状围绕形；叶柄圆柱形，仅先端微扁；花盘深裂，宿存；苞片条裂，雄蕊12～40；花药长椭圆形，具细尖；子房具柔毛，花柱较长，柱头2～3裂；蒴果具毛，2～3（4）瓣裂。本派叶片巨大，叶初发时为赤色，渐变为暗绿色。欧洲许多国家引种栽培在公园中，作为观赏树种。其材质较疏松，经济价值不大。

二、杨树品种的命名

品种是栽培植物的基本分类单位，全名由所属种的拉丁学名和品种加词组成；非全名形式，可由品种加词单独使用，或附于属名之后。无论哪种形式，品种加词，首字母须大写，且正体，用单引号括起。杨树品种主要是无性系来源，它的命名与该无性系起源是无关的。如果与其他无性系或栽培品种无明显性状区分，应做为同一个栽培品种处理，而不能重新命名。与繁殖方式也不相关，所以cl.（clone的缩写）不能用于命名。《国际杨树品种命名法规》是国际杨树委员会依《国际植物命名法规》和《国际栽培植物命名法规》制定的杨树品种命名登录指导性文件，详细命名规则仍应遵守《国际植物命名法规》和《国际栽培植物命名法规》。在国内杨树品种命名中常出现杂交种加词和品种加词不符国际法规的做法。

1. 杂交种加词不符合《国际植物命名法规》

杨树的拉丁学名，首先应遵守《国际植物命名法规》。W. Greuter主编，1999年第16届植物学委员会通过的圣路易（St Louis）法规是现行最新版本，2000年1月1日实行，已有中译本。杨属分类学研究一直存在争议，北美和西欧学者，在种的认可上较谨慎，而我国和俄罗斯学者倾向精细，将杨属的亚种、变种、自然杂交种、人工杂交种及品种上升为种的概念，这在一定程度上也影响了杨树栽培品种命名的不规范，尤其是杂交种的命名。

杨树品种，主要集中于黑杨派、白杨派、青杨派，而大叶杨派、胡杨派、Abaso派无栽培品种代表。杨树无论在自然还是在人工控制环境条件下，极易获取种间杂种，杂交种名称命名就易混乱。杂种命名，尽可能采用公式表示，母本在前，父本在后，用乘号（×）分隔。杂交公式不方便时，可以给予一个杂交种名，即做一个种的级别处理，与分类学的种的要求基本相同，但需在杂交种加词前加乘号，与杂交种加词间留一字母大小的空隔，以示区别，已存在的杂交种学名不应重新命名。

特定种的所有杂交后代都拥有一个相同的杂交种加词，不应重新命名。例如 *P.* ×*cana-*

densis Moench，加杨，依优先律规则，取代 1950 年国际杨树委员会规定使用的欧美杨杂种学名（*P.* ×*euramericana* Guinier）。它代表所有自然及人工杂交的欧美杨杂交种（*P. nigra* L. 和 *P. deltoides* Marshall），包括它们的回交杂种和 F_2 代杂交种，甚至更多世代的杂交种。

中国没有杨树品种权威认证机构，对杨树杂交种命名也无一致性，国内所发表的杂交种也难以得到国际上认可。比如小叶杨（*P. simonii* Carr.）与钻天杨（*P. nigra* var *italica*）杂交种，1982 年徐纬英先生命名为小钻杨（*P.* ×*xiaozhuanica*），然而在同期植物研究中，黄东森先生把小叶杨与欧洲黑杨的杂交种定名为小黑杨（*P.* ×*xiaohei*），因而由小叶杨与欧洲黑杨杂交所产生的子代，品种命名上也就无法一致，国际上也无法交流。同一种内杂交，或已接受的杂交种，重命名新杂交种也是无效的。如山海关杨（*P. deltoides*‘Shanghaiguanensis’）作为美洲黑杨品种来看时，与 I - 69 杨（*P. deltoides*‘Lux’）杂交，产生的子代不可重新命名杂交种学名，其学名只能为 *P. deltoides* Marshall；如果研究者认为山海关杨为 *P.* ×*canadensis*‘Shanhaiguanensis’，与 I - 69 杨杂交产生的子代，也不可重新命名，因为杂交种学名 *P.* ×*canadensis* Moench 已存在，其子代若符合品种命名条件可以给予品种名称。又如辽宁杨（*P.* ×*liaoningnica* Z. Wang et H. D. Chen sp. nov），本身重新命名杂交种名是不符合植物命名法的，即使以品种命名，也不符合当时的栽培植物命名法。

2. 品种加词不符合《国际栽培植物命名法规》

栽培植物命名应遵守《国际栽培植物命名法规》。2004 年 C. D. Brickell 编写的第七版《国际栽培植物命名法规》为当前最新有效版本，前 6 版分别在 1953 年、1958 年、1961 年、1969 年、1981 年、1995 年出版。栽培植物命名起始点 1753 年，与植物命名年代相同，杨属模式树种银白杨（*P. alba* L.）亦发表于本年。《国际栽培植物命名法规》第二版和第六版，对杨树品种的命名影响较大，杨树品种命名的许多规则是从这两版之后开始实行的，即 1959 年 1 月 1 日和 1996 年 1 月 1 日。

1959 年之后出现的品种一律采用现代语言命名，中国直接采用汉语拼音形式（可以拉丁化，但要求符合《国际植物命名法则》），不提倡含有符号和数字。我们常看到‘Robusta’（不应采用拉丁语）、‘I - 214’（不应选用特殊的符号和数字）等，是由于这些品种出版于 1959 年之前，所以至今给予保留，1959 年之后不允许采用这样的形式。《国际栽培植物命名法则》第二版曾规定品种必须用 cv.（cultivar 的缩写，来源于 cultivated variety），置于品种加词之前来表示，本规则已从 1996 年 1 月 1 日废弃，现在我们不应继续以讹传讹。品种加词，放在双引号“”之内的现象，许多刊物上还可以看到，比如荷兰 3930 杨（*P.* ×*euramericana* cv.“N3930”）、南林 895 杨（*P.* ×*euramericana* cv.“Nanlin895”）。品种命名不允许采用双引号，这是明显的错误。如果把荷兰 3930 杨和南林 895 杨作为无性系看待，可以写成 N3930（*P.* ×*canadensis*）和 Nanlin895（*P.* ×*canadensis*）；品种处理（国际杨树委员会暂没有接受），可以写成 *P.* ×*canadensis*‘N3930’和 *P.* ×*canadensis*‘Nanlin895’。

品种的命名，必须经过发表（有效发表）和建立（合格发表），国际杨树委员会登记确认后，才算有效，随意谛造的品种名称，国际上是无法接受的。引种者或选育者，为方便起见，通常给予杨树无性系编号，此实验号或分区号，不要理解为品种，只是临时的无性系代号（clone name）。许多国外品种，经过多个研究者或机构，起用了多个品种名，正确的品种名应只有一个，比如引入中国的尤金杨（*P.* ×*canadensis*‘Eugenei’）在国外有 5 个品种名

'Norway'，'Carolina'，'Imperial carolina'，NC-5326，DN-34，那么我们在引进时应仅取一个最为科学的，更不应重新命名，以免在国内同样造成混乱。翻译时，无法保持原品种名称时，仅当一个商业名称处理。品种命名时不能上升到种的概念，品种加词前不能添加乘号或小写字母 x 的。比如北京杨作为品种处理时不能写成 P. × 'Beijingensis'，可以写成 P. 'Beijingensis'；如果是杂交种时，可以写成具体的无性系，注明杂交种学名，如 0567（*P.* × *beijingensis*）。

除了杂交种加词和品种加词命名存在不规范或错误之处外，部分学者对杨树的亚种、变种或品种，也有略写的习惯，伪造出新种，奇怪的是许多出版物照发不误。比如新疆杨学名写成 *P. pyramidalis*，箭杆杨学名写成 *P. thevestina*，群众杨写成 *P. popularis*，格尔里杨写成 *P. gelrica*，俄罗斯杨写成 *P. russkii*，赤峰杨写成 *P. chifengensis*，更有甚者，随意简写种加词，如，*P. deltoides* 简写成 *P. del.* 或 *P. delt.*。国际杨树委员会曾规定使用过的 *P.* × *euramericana*，简写 *P. eur.*、*P. eura.* 或 *P. euram.*。我们在杨树学名写作方面，应持有科学严谨的态度。

3. 杨树品种命名举例分析

现以辽宁杨和欧美杨杂种 107 杨为例，来说明在杨树品种命名写作上常见的问题。

辽宁杨为辽宁省杨树研究所陈鸿雕等 1982 年春以鲁克斯杨（*P. deltoides* 'Lux'）和山海关杨（*P. deltoides* 'shanhaiguanensis'）为母本人工水培杂交，配合选择由 11 个单株无性系组成的优良美洲黑杨家系（山海关杨作为美洲黑杨栽培的品种来看），因苗期或成龄大树的形态特征及物候各无性系间相一致，统一称作辽宁杨。选取 Liaoningnesis 作为品种加词，其前提是完成品种登录注册。选取 Liaoningnesis 作为品种加词，进行有效发表，填写登记表格，呈交国际杨树委员会进行品种加词建立（合格发表），国际杨树委员会品种加词登录接受。登录注册后，品种名称可以写成：*P. deltoides* 'Liaoningnesis'。写成其他形式，如 *P.* × *Liaoningnesis* 是错误的，它首先就不能合格发表。没有进行国际杨树委员会登录，可把辽宁杨理解为家系的代号，可以写成 Liaoningnesis（*P. deltoides*）或用公式法表示。

107 杨是意大利杨树栽培研究所 Dr. Sekawin 于 1973 年春人工控制杂交选育的欧美杨杂种，1984 年引入中国，编号为 84-I-74，在国际杨树委员会登录注册品种加词为 Neva。

正确的可以这样表达：

P. × *canadensis* Moench 'Neva'

P. × *canadensis* 'Neva'

P. 'Neva'

'Neva'

以下为不正确表达：

P. × *canadensis* Moench '*Neva*'（品种加词非斜体）

P. × *canadensis* 'neva'（品种加词首位字母应大写）

P. × canadensis 'Neva'（种的学名应斜体）

P. canadensis 'Neva'（杂交种加词前乘号不能省略）

P. × *canadensis* "Neva"（不应选用双引）

P. × *canadensis* '74/76'（74/76 为选育者试验编号）

P. ×*canadensis*‘107’（107 为中国学者试验编号）
P. ×*neva*（品种加词不可上升到杂交种加词地位）
P. ×‘Neva’（品种加词前不能加乘号）
P. neva（品种加词不可上升到种加词地位）
P. ×*canadensis* cv.‘Neva’（cv. 已弃）
P. ×*canadensis* cl.‘Neva’（品种命名与繁殖方式无关）
P. ×*euramericana*‘Neva’（国际杨树委员会指定的欧美杨学名不符优先律规则）

第3章　杨树生态学特性

杨树在长期进化过程中，形成了自己的生理、生态特性和对环境条件的需求，杨树人工林要达到速生丰产的目的，就必须对杨树的生态需求作深入了解。在了解的基础上采取相应的营林措施，适度满足这些需求，才能提高人工林的产量。中国50、60年代杨树造林当中之所以出现了大面积杨树“小老树”，对杨树的生态需求不尽了解就是其主要原因之一。

杨树各品种和无性系的生物学特性虽有共同的地方，但也不完全一致，总体上杨树对环境条件的需求是相似的，现分述如下。

一、杨树与光照

杨树的生长是靠叶绿素的光合作用，树木干物质重量的90%以上都是光合作用直接或间接的产物，光合作用是绿色植物利用光能，将其所吸收的二氧化碳和水同化为有机物，并释放出氧气的过程。光合能力的强弱是影响无性系生长的内部因子，光的强度、二氧化碳浓度、温度、水分是影响光合作用的环境因子。光是光合作用的能量来源，杨树特别是黑杨派品种光饱和点高，能较充分地利用全日照的强光，在日照短、辐射强度弱的条件下，会严重影响林木的生长量。

杨树是C_3植物，阳性树种，具有较高的光合作用强度，要求较强的光照条件，但其喜光的程度因种和品种（无性系）的不同而有差别。杨树的光合作用强度范围大约在15～25CO_2mg/dm^2·h。光合作用强度、叶面积大小和生长期长短，是决定树木生产力高低的3个重要因素。由于杨树非常喜光，如若侧方或上方遮荫，它的生长和发育就要受压抑，在设计栽植密度、林粮间作模式、混交树种及混交方式选择的过程中要充分注意它的光生态特性的调节和运用，要注意满足杨树对光照条件的需求，如林地上株数太稠密，光能不足，这时林木的树冠发生对光的竞争，林木会出现明显的分化现象，影响单位面积产量。

在杨树中，山杨是最强烈的喜光树种，在天然林区是它（或其他喜光树种，如白桦）首先占据火烧迹地、采伐迹地等空旷地，形成山杨纯林或山杨、白桦等的混交林。但当针叶树种侵入并逐步在高生长上超过山杨而居于林冠上层时，山杨就逐步消失，被针叶林所取代。

在栽培品种中，引进的I－214杨、国内的小美旱类天然杂种中的大关杨等喜光特性明显。在用这些无性系品种营造的片林或林带边缘常可见到边行树木侧身外倾的现象。这种敏感的向光性源于树干对侧光的反应明显。而毛果杨中的许多品种和欧美杨杂种无性系中的健杨则对光的敏感程度要弱一些。

某些杨树种或品种对光周期的反应强烈。例如在美国，美洲黑杨从南到北，依次分布有其3个亚种，即棱枝杨、密苏里杨和念珠杨。澳大利亚过去曾把分布在最北部的念珠杨在南纬29°30′的格拉费顿栽植，因为日照长度不能满足它的要求，在生长季节的早期（冬至过后——相当于北半球的夏至），就开始封顶，停止生长。这种对光周期的敏感程度也因种和无性系不同而异。

二、杨树与温度

由于数十万年的自然选择，高纬度地区的阔叶树种形成了对寒冷季节的适应能力，在低温到来之前就已完成了越冬的一切准备：停止生长（封顶），把养分由叶片转移到树干和根部；叶柄基部形成断离层，落叶；一年生嫩枝逐步木质化，形成由多层芽苞包被的芽等等。而分布在南方的种则没有这种能力。南方树种向北方引种时，往往已到深秋还不封顶，迟迟不落叶，嫩枝不能木质化，以致霜冻到来时，各部分组织不能适应寒冷条件而受到损伤，直到冻死。

分布在中国最北部，直到西伯利亚中部的甜杨是杨属中最耐寒的树种。可耐 -50℃以下的低温。大青杨、香杨、小青杨、小叶杨和银中杨、银灰杨等的抗寒力仅次于甜杨，它们分别构成中国东北和新疆北部的乡土树种，可耐 -40℃左右的低温。毛白杨、沙兰杨的抗寒力相似，它们正常栽培的最北缘只能达到辽宁南部。南方类型的意大利杨（“San Martino”、“Lux” 等），在华北平原北部每年都因冻害而枯梢。而生长在华南山区的响叶杨、滇杨等，则只能在冬季短期暴露在零下几度的温度当中。

低温是阻碍许多杨树种或品种向北发展的重要因素，在引种时应予充分重视。同时，在培育适合北方生长的杨树新品种时，应把亲本的抗寒力放在重要地位上加以考虑。

辽宁耐低温的树种一般为乡土的青杨派树种，生态特点是营养生长期较短，枝条能够完全木质化，晚秋和早春对冻害不敏感。而大部分速生的黑杨派品种都生长在北半球的温带和暖温带，较为喜温，辽宁基本是其生长的北界。极端低温和低温持续时间长，初冬和早春温度变化剧烈，加工品种本身的耐寒性的不同是产生冻害的主要原因。

三、杨树与水分

杨树是需水量大的树种，土壤湿度是影响杨树生长的因子中最重要的因素之一。它对水分供应十分敏感，在生长季节，如果土壤中的含水率下降到 10% 以下，杨树的组织及细胞的含水量也会下降，导致叶面气孔关闭，引起光合速率降低，使新陈代谢受阻，树木的生长变缓直至停止。表 3-1 是在整个生长季节中，几个不同树种 24 小时中每克叶（干重）所吸收的水分（cm^3）值的比较。

表 3-1　杨树与其他树种叶片吸水的比较

树　　种	24 小时叶（干重）所吸收的水分（$cm^3/g \cdot 24h$）
冷　杉	5.1
山毛榉	19.6
欧洲栎	20.6
落叶松	22.6
桦	45.1
杨（黑杨派）	50.1

在生长活跃期中，黑杨派树种每生产1g干物质，要消耗1L水。杨树天然种（主要是黑杨派和青杨派树种）形成的林分主要分布在大河两岸地下水埋藏不深的地方。因为在这里杨树根系可以从地下水中获得充足的水分供应。

另外，杨树虽然喜水，但又不耐水淹，特别是夏季的高温滞水含氧量极少，对杨树的伤害作用也最大。

因此，要使杨树人工林丰产，就必须向它提供充足而又不过多的水分。在杨树根系不能有效利用地下水，并且降雨量又不能满足其生长需要的地方，必须进行灌溉，而在有涝或地下水位过高处，则必须采取排水措施。

四、杨树与氧气

杨树（这里主要指黑杨派树种或以黑杨派树种为亲本的杂种无性系）根系的呼吸作用很强，对土壤大气的含氧量要求极高。如不能满足这个要求，土壤粘重、板结或土壤水分过多等，杨树的生长就要受到极大影响。根据西欧学者的研究结果，不同树种1~2年生苗木根系（干重）在24小时内释放出的CO_2量（mg）的比较见表3-2。

表3-2 杨树与其他树种根系释放CO_2的比较

树 种	根系（干重）在24小时内释放的CO_2量（mg/g·24h）
冷 杉	23
山毛榉	43
欧洲栎	32
落叶松	82
桦	186
杨（黑杨派）	403

杨树根系的呼吸强度比其他阔叶树种大2~9倍，比冷杉大17.5倍。因此，要求栽植杨树的土壤有良好的通气性。在杨树人工林的行间定期松土对杨树的生长可以起到良好的作用。

青杨派树种和白杨派中的山杨亚派对土壤通气性的要求不如黑杨派强烈。例如欧洲山杨的呼吸强度只有75mg/g·24h，比落叶松还稍小一些。

五、杨树与养分

1 大量元素

目前对杨树的营养需求的较系统的研究还比较少。根据意大利杨树研究所对I-214杨的研究，杨树苗木（1~2年生扦插苗）在每hm^2扦插密度为1万株时，其吸收矿物质的总量如下：N为340kg/hm^2、K_2O为299 kg/hm^2、P_2O_5为100kg/hm^2、CaO为492kg hm^2，与农作物比较起来，除对钙的摄取量偏高以外，对N、P、K 3个元素的需求量与玉米基本相似。30年生I-214杨人工林中，树木对钙的摄取比重大大增加（由苗期的占总量40%增加到50%），而吸收N、P、K的比例仍基本相似，其中K稍有增加，而N、P稍有减少。杨树大树所吸收的钙主要集中在叶部，秋季落叶后又重返土壤。

当某种矿物质不能满足杨树的需要时，后者就会出现生理紊乱。这种现象的预警信号常是叶片的色泽发生变化而产生缺素症状。欧洲一些国家首先用分析叶片矿物质含量的方法对杨树作营养诊断。试验证明，杨树叶片中矿物质的组成与含量是树木营养状况的灵敏指标。但它们不仅因品种不同而有所差别，同时也随取样时间（一年中的某一季节和一天中的某一时刻）和取样部位的不同而有所变化。不过对于氮、磷、钾、硫等来说，8 月末常是一个相对稳定的时期，所以多在此时取样。取样部位一般选择在树冠中部的向阳的一侧。经研究测定，欧美杨叶片中各元素的正常含量如下（供参考）：

氮 -2.2%（占叶片干重的%）；磷 -0.3%；硫 -0.5%；镁 -0.15%。

2　微量元素

树木对这些元素的需求量很小，故称为微量元素。但这些元素多是树木新陈代谢过程中的催化剂，也都是不可缺的。例如，锰是氧化酶辅酶的组成元素，它与呼吸作用、光合作用，以及叶绿素形成都有关系。锌在碳酸酐酶中占 0.30% ~0.34%，是氧化还原过程的催化剂。钼是硝酸还原酶的重要组成部分，缺钼时，植物体内就会有硝酸盐积累，使氨基酸的合成受到阻碍；钼还能减弱因土壤中锰、铜、锌、镍、钴等过剩所引起的缺绿症。

目前，林业方面对微量元素的研究还很不深入，对缺乏各种徽量元素所产生的症状多数还不清楚。据报道，杨树苗木缺铜时，叶片呈深绿色，而叶脉发黄，叶片渐渐枯萎。缺铁时，叶片退色（呈淡黄色），而叶脉仍为绿色。缺硼时，叶停止生长，茎与根的生长率也显著下降。

3　可溶盐

在干旱地区的土壤盐渍化是杨树栽培的大敌。土壤中含有过多可溶盐时，对树木主要产生以下危害：

（1）提高土壤溶液的渗透压，使树木的根系吸水困难（生理干旱），破坏树木正常的水分代谢过程。有些盐土的土壤溶液渗透压可以提高到 2000 个大气压，比正常土壤大一千倍。

（2）过多的可溶盐离子直接对树木产生毒害作用。如碳酸钠（Na_2CO_3）和碳酸氢钠（$NaHCO_3$）遇水产生苛性钠（NaOH），其氢氧根（OH^-）能腐蚀树木根组织。破坏树木体内酶的正常作用。氯离子（Cl^-）过多时，可以破坏树木的叶绿体，使叶片产生盐烧伤。（Na^+）过多，可以降低树木对钾及其他有用离子的吸收，造成树木生理紊乱。

（3）过大量可溶盐进入树木体内后，可以破坏蛋白质的合成过程，使树木体内积累大量含氮的中间产物，其中包括游离的氨基酸与氨。后者对树木也有毒害作用。

（4）土壤胶体上吸附大量钠离子时，使土壤呈高度分散状态。湿时膨胀泥泞，干时收缩板结，使土壤物理性能（透气性、透水性等）恶化，影响树木生长。

各种可溶盐对树木危害的顺序如下：氯化镁、碳酸钠 > 碳酸氢钠 > 氯化钠 > 硫酸镁 > 硫酸钠。

浓度相同时，其危害程度的比例如下：碳酸钠: 碳酸氢钠: 氯化钠: 硫酸钠 = 10: 3: 3: 1

树木的耐盐力是指它在一定盐渍化程度的土壤上维持正常生长发育的能力。在滨海以氯化物为主的盐渍土上，耐盐能力强的树种，如紫穗槐、枸杞等，可以在含盐总量不大于

0.6% 的土壤上生长，而杨树能正常生长的极限值约为 0.3%，超过这个限度，它们的生长就会明显受抑制，直到死亡。在内陆以硫酸盐为主的盐渍土区中，胡杨可以在总盐量达 1.0% 的土壤上生长，银白杨达到的极限为 0.7%，新疆杨、箭杆杨为 0.5%。

在盐渍土上营造杨树人工林时，必须选择耐盐品种，同时采取相应的改土措施、耕作措施和生物措施。

第4章 辽宁杨树种和栽培种

辽宁省的原产杨树乡土树种资源主要是青杨派树种及极少量的白杨派树种，常见的只有小叶杨、小青杨、山杨等不足10个自然种，同时有着丰富的小钻杨资源。80年代初期，在全省范围内进行了一次系统的杨树良种普查，确定了31个省级杨树良种。近些年来，通过杂交、引种等手段，极大的丰富了杨树特别是黑杨派资源。现将辽宁杨树乡土树种和目前在生产上栽培应用的品种按派别介绍如下。

一、白 杨 派

1 毛白杨（*P. tomentosa* Carr.）

乔木，高达30m。树皮幼时暗灰色，壮时灰绿色，渐变为灰白色，老时基部黑灰色，纵裂，粗糙；干直或微弯，皮孔菱形散生，或2~4连生；树冠圆锥形或圆形。侧枝开展，雄株斜上，老树枝下垂；小枝（嫩枝）初被灰毡毛，后光滑。芽卵形，花芽卵圆形、近球形，微被毡毛。长枝叶阔卵形或三角状卵形，先端短渐尖，基部心形或截形深齿牙缘或波状齿牙缘，上面暗绿色，光滑，下面密生毡毛，后渐脱落；短枝叶小，下面光滑，具深波状齿牙缘。

毛白杨为中国的特有种，黄河中下游流域为中心分布区，喜温不耐寒，在大连早年即有引种，生长良好。适宜辽南及西南部生长，其他地区易受冻害，主要分布在北京、河北、山东、河南、山西、陕西等省，材质好、出材率高，且树木外形美观，是较理想的造林和绿化树种。

三倍体毛白杨（*P. tomentosa*［3n］）是北京林业大学朱之悌教授等利用现代生物细胞工程与传统杂交技术结合，采用人工诱导染色体未减数2n花粉粒、筛选天然染色体未减数2n花粉粒授粉杂交技术，培养出的一批优质速生的三倍体毛白杨新品种。该品种特点为生长迅速，抗病虫能力强，材性及制浆造纸优良。三倍体毛白杨是城乡绿化及纸浆林优良品种。但该品种抗寒能力低，仅适生于辽宁省的南部大连和西南部葫芦岛地区。

2 银白杨（*P. alba* L.）

乔木，高15~30m。树皮白色至灰白色，平滑，干微弯，下部粗糙，皮孔菱形散生，或2~4连生，树冠宽阔。小枝初被白色绒毛，萌条密被绒毛。芽卵圆形，密被白绒毛。长枝叶卵圆形，掌状3~5裂，先端钝尖，初时两面被绒毛，后上面渐脱落；短枝叶小，上面光滑，下面被白色绒毛，具不规则钝牙齿。

在欧洲、亚洲、非洲3洲都有广泛的分布，新疆额尔齐斯河流域有天然林的分布，其他地区均有少量的风景树栽植，辽宁省中南部有少量栽培。喜大陆性气候，耐干旱、风沙和盐碱，且树木外形美观，是较理想的园林绿化树种，扦插成活率较低。

3 新疆杨（*P. alba* var. *pyramidalis* Bge.）

雄株，树体高大，树冠圆柱形，侧枝角度小，向上伸展，紧贴树干，树皮灰绿色，光滑，基部浅裂，老树皮灰色，树干基部皮常纵裂。短枝之叶近圆形或圆状椭圆形，基部近截形或近心形，边缘有粗齿牙；幼叶下面有灰白绒毛，后脱落；长枝之叶掌状5~7深裂，边缘有不规则粗齿牙，表面光滑，有时叶脉被绒毛，背面白绒毛，叶柄扁。

新疆杨喜光、耐干旱、耐瘠薄土壤、耐轻盐碱、树形及叶形优美，适合城市道路绿化及防护林，该树种60年代由山西引入辽宁，曾在阜新、建平、盖州等地栽植，表现良好。近年来多用于公路两侧绿化。利用催根扦插，成活率可达60%~70%。

4 山杨（*P. davidiana* Dode）

乔木，高达25m。树皮光滑灰绿色或灰白色，老时基部黑色粗糙，树冠圆形。小枝光滑，萌枝被柔毛。芽卵形或卵圆形，无毛。叶三角状卵形，先端钝尖、渐尖，基部圆形、截形或浅心形，边缘有密波状浅齿。萌枝叶大，下面被柔毛。

山杨分为欧洲山杨和美洲山杨，中国广泛分布的属欧洲山杨的一个变种，即中国山杨，往往在火烧迹地和采伐迹地上形成纯林或与白桦、松类混交。黑龙江、吉林、辽宁、内蒙古、西北等山地丘陵地区较为普遍。属强阳性树种，耐寒冷、瘠薄，天然更新能力强，多生长于次生林中。对绿化荒山、保持水土有较大作用。但一般生长较慢，分蘖能力强，扦插不易成活。

三倍体山杨（*P. tremula* × *P. tremuloides* [3n]）原产德国，是在汉明登山杨家系中选出的欧洲山杨花粉与来自加拿大的美洲山杨花粉杂交选育出来的。80年代初引入中国，1993年引入辽宁抚顺地区，通过栽培试验，山地造林6年生平均树高8.2m，平均胸径7.2cm。1996年该品种在辽宁省杨树研究所组培繁育获得成功。三倍体山杨具有生长快、材质好、轮伐期短、材质优良、抗性强等优点，是造纸、胶合板、刨花板等工业的优质原料。该品种适合于辽宁东部山区栽植。

二、青 杨 派

5 小叶杨（*P. simonii* Carr.）

乔木，高达20m。树皮幼时灰绿色，老时暗灰色，沟裂。树冠近圆形。幼树小枝及萌枝有明显棱脊，常为红褐色，后变黄褐色，老树小枝圆形，细长而密，无毛。芽细长，褐色。叶菱状卵形、菱状椭圆形或菱状倒卵形，先端突急尖或渐尖，基部楔形、宽楔形或窄圆形，边平整，细锯齿，无毛。

在中国分布广泛，东北、华北、华中、西北及西南地区各省均产。垂直分布一般多生在2000m以下，最高可达2500m；沿溪沟可见，多数散生或栽植于四旁。

喜光树种，适应性强，对气候和土壤要求不严，耐旱、抗寒、耐瘠薄等；木材可供民用建筑、家具、造纸等；为防风固沙、护堤固土树种，也是东北和西北防护林和用材林主要树种之一。

菱叶小叶杨（变型）（*P. simonii f. rhombifolia*）　叶形较小，狭菱形或宽披针形，先端长渐尖，基部楔形，中部最宽。产辽宁、甘肃、陕西。

塔形小叶杨（变型）（*P. simonii f. fastigiata*）　本变型枝向上近直生，形成尖塔形树冠。产辽宁、河北、山东及北京。

宽叶小叶杨（变种）（*P. simonii* var. *latifolia*）　当年生枝有毛，短枝叶通常菱状宽卵形，宽而短，先端短尖，基部宽楔形，上面中脉有短柔毛，叶柄两端有毛。产辽宁鞍山一代。本变种为辽宁省杨树研究所选出的优良品种（又称鞍山一号杨），病虫害少，生长势较好，适于辽宁南部推广。

辽东小叶杨（变种）（*P. simonii* var. *liaotungensis*）　沿叶脉生有短柔毛，叶柄有稀柔毛，果序轴有短柔毛，蒴果具有短柔毛的短柄。产辽宁、河北、内蒙古等地。常在河滩沙地上生长。小叶杨于50～60年代被广泛栽培，至今辽宁省尚存小叶杨林分（多在辽西及辽北），但由于生长较慢，目前人工造林极少，多被其他速生杨树所代替。

6　小青杨（*P. pseudo-simonii* kitag.）

乔木，高达20m。树皮灰白色，老时浅沟裂。树冠广卵形；幼枝有棱，绿色或淡褐绿色，萌枝棱更显著，小枝圆柱形，淡灰色或黄褐色，无毛。芽圆锥形，较长，黄红色。叶菱状椭圆形、菱状卵圆形、卵圆形或卵状披针形，先端渐尖或短渐尖，基部楔形、广楔形或少近圆形，边缘具细密交错起伏的锯齿，有缘毛，上面深绿色，无毛，罕脉上被短柔毛，下面淡粉绿色，无毛。

小青杨是小叶杨与青杨之间的天然杂种，也有人认为小青杨是自然种。在形态上与青杨不同点为叶较狭，基部不为圆形和近心形。与小叶杨不同点为树皮色较淡，裂沟浅，沟距较宽，枝较粗而舒。

小青杨为辽宁省的原产树种并分布于黑龙江、吉林、河北、陕西、山西、内蒙古、甘肃、青海及四川等省，生于海拔2300m以下的山坡、山沟和河流两岸。同小叶杨一样，50～60年代也是辽宁省的主栽树种之一，在阜新、彰武、建昌、喀左等地的沿河两岸都曾生长大块的优良林分。材质优良、适应性强、抗寒耐瘠薄。

7　青杨（*P. cathayana* Rehd.）

乔木，高达30m。树皮初光滑，灰绿色，老时暗灰色，沟裂。树冠阔卵形；枝圆柱形，有时具棱角，幼时橄榄绿色，后变为橙黄色至灰黄色，无毛。芽长圆锥形，无毛，紫色、紫褐色或黄褐色。短枝叶卵形、椭圆状卵形、椭圆形或狭卵形，先端渐尖或突渐尖，基部圆形，稀近心形或阔楔形，边缘具腺圆锯齿，上面亮绿色，下面绿白色，脉两面隆起，尤以下面明显无毛。

产辽宁、华北、西北、四川等省区。生于海拔800～3000m的沟谷、河岸和阴坡山麓。喜生于温带、寒温带及海拔较高的温凉气候和肥沃湿润土壤，为中国北方的乡土树种。

8　香杨（*P. koreana* Rehd.）

乔木，高达30m。树皮幼时灰绿色，光滑，老时暗灰色，具深沟裂。树冠广圆形；小枝圆柱形，粗壮，带黄红褐色，具香气，完全无毛。芽大，长卵形或长圆锥形，栗色或淡红褐色。短枝叶椭圆形、卵圆状长圆形、椭圆状披针形及倒卵状椭圆形，先端钝尖，基部狭圆形或宽楔形，边缘具细的腺圆锯齿，上面暗绿色，有明显皱纹，下面带白色或稍呈粉红色；长枝叶窄卵状椭圆形、倒卵状椭圆形或卵圆状披针形。

香杨又称朝鲜杨，产黑龙江（大兴安岭）、吉林（长白山区）、辽宁东部。垂直分布在海拔400～1600m。朝鲜、苏联也有分布。多散生于林区，在辽宁省东部山区的沟谷、河岸随处可见生长高大粗壮的香杨，其特点是材质好、病虫害轻，喜温凉湿润土层深厚的环境。

9 辽杨（*P. maximowiczii* Henry）

乔木，高达30m。幼时树皮灰绿色或淡黄灰色，平滑，老时树皮灰色，深沟裂。树冠开展；小枝圆柱形，粗壮，密被短柔毛，初时淡红色，后变灰色。芽圆锥形，光亮。果枝叶倒卵状椭圆形、椭圆形、椭圆状卵形或宽卵形，先端短渐尖或急尖，通常扭转，基部近心形或近圆形，边缘具腺圆锯齿，有睫毛，上面深绿色，有皱纹，或近平滑，下面苍白色，两面脉上均被短柔毛。

辽杨又称马氏杨，产黑龙江、吉林、辽宁、河北、陕西、内蒙古等省区，垂直分布在海拔500～2000m。苏联东部、日本、朝鲜也有分布。该品种数量较少，其习性特点略同香杨。

10 大青杨（*P. ussuriensis* Kom.）

乔木，高达30m。树皮幼时灰绿色，较光滑，老时暗灰色，纵沟裂。树冠圆形；嫩枝灰绿色，稀红褐色，有短柔毛，其断面近方形。芽圆锥形，较长，色暗。叶椭圆形、广椭圆至近圆形，先端突短尖、扭曲，基部近心形或圆形，边缘具圆齿，密生缘毛，上面暗绿色，下面微白色，两面沿脉密生或疏生柔毛。

大青杨耐寒、喜光，属中生偏湿树种。大青杨又称乌苏里杨，产黑龙江、吉林、辽宁3省的东部山地。垂直分布在海拔300～1400m。俄罗斯远东地区和朝鲜也有分布。该品种也是林区散生树种，生长粗壮高大，材质优良，病虫害轻，抗寒，习温凉气候、土层深厚肥沃土壤。

三、黑 杨 派

11 钻天杨（*P. nigra* L. var. *italica*）

乔木，树皮暗灰褐色，老时沟裂，黑褐色。树冠圆柱形；侧枝20°～30°角展开，小枝圆，光滑，黄褐色或淡黄褐色，嫩枝有时疏生短柔毛。芽长卵形，先端长渐尖，淡红色。长枝叶扁三角形，先端短渐尖，基部截形或阔楔形，边缘具钝圆锯齿；短枝叶菱状三角形或菱状卵圆形，先端渐尖，基部宽楔形或近圆形。

本种属欧洲黑杨类，是辽宁省引入最早的黑杨派树种之一，当时多栽植在铁路沿线及宅旁，后来与原产的小叶杨形成众多的小钻类天然杂种。由于寿命短（一般15～20年即枯梢），又易患树瘤病，目前栽植较少。

12　箭杆杨（*P. nigra* L. var. *thevestina*）

乔木，高达30m。本变种分布于南欧、西亚和北非，特别是巴尔干半岛各国广泛栽培，它与钻天杨相似，树干通直圆满，但树冠更狭窄，侧枝向上耸立而紧凑，树形美观，树皮灰白色，较光滑。叶较小，基部楔形，萌枝叶长宽近等。只见雌株，有时两性花，花期 4 月下旬，果期 5 月下旬。

该种在山西有栽植，50 年代末引入辽宁，也因树龄较短，目前保留不多，仅辽西尚有部分生长。

13　加拿大杨（加杨、欧美杨）（*P.* ×*canadensis* Moench）

乔木，高达 30 多 m。干直，树皮粗厚，深沟裂，下部暗灰色，上部褐灰色。树冠卵形；萌枝及苗茎棱角明显，小枝圆柱形，稍有棱角，无毛，稀微被短柔毛。芽大，先端反曲，初为绿色，后变褐绿色。叶三角形或三角状卵形，先端渐尖，基部截形或阔楔形，边缘半透明，具圆锯齿，近基部较疏，具短柔毛，上面暗绿色，下面淡绿色。

加拿大杨其实是 18 世纪初美洲黑杨传入欧洲后与当地欧洲黑杨产生的第一代杂种，即欧美杨。早在 100 年前就传入中国。由于生长迅速，被各地广泛应用，在 50～60 年代，辽宁省造林、公路、城乡、宅旁绿化进行了大量栽培，直至目前尚有不少公路、宅旁还保存有大径级的加拿大杨成林。

该欧美杨无性系，生长快、成材早、适应性强、成活率高。

14　沙兰杨（*P.* ×*canadensis*‘Sacrau 79’）

沙兰杨是 20 世纪 30 年代德国温特斯坦通过杂交选育而出，属欧美杨无性系。1954 年、1959 年分别从德国和波兰引进，60 年代初引入辽宁省。在辽宁省特别是中部地区表现良好，生长迅速，优良性状稳定。如辽阳市灯塔西马峰乡 11 年生最大胸径达 40. 1cm，树高达 24. 1m。生长速度居当时当地各树种之首，而且沙兰杨速生期较长，是胶合板等大径材优良品种。

沙兰杨，雌株，乔木，树干微弯。树冠大而开阔，呈圆锥形，树干基部树皮灰褐色，条状纵裂，裂纹浅而宽；上部树皮灰绿或灰褐色，光滑，具有明显的菱形皮孔。沙兰杨属于喜温型品种，沿大凌河以东至沈阳以南地区为最佳适生区。

15　意大利 214（*P.* ×*canadensis*‘I－214’）

意大利 1929 年选育的欧美杨无性系，落叶大乔木，树冠长卵形。树皮灰褐色，浅裂。叶片三角形，基部心形，有 2～4 腺点，叶长略大于宽，叶深绿色，质较厚，叶柄扁平。中国 1958 年从原东德引入，1965 年又从罗马尼亚引入，1972 年再由意大利引进。经多年研究比较，I－214 杨其形态、物候、生长、材性等特征同沙兰杨十分相像，生长快速，树杆挺直。阳性树种，喜温暖环境和湿润、肥沃、深厚的沙质土，对杨树褐斑病和硫化物具有很强的抗性。目前在辽宁的新民地区栽培表现十分良好。

意大利 214 杨树干耸立，枝条开展，叶大荫浓，宜作防风林、绿荫树和行道树。也可在植物配置时与慢长树混栽，能很快地形成绿化景观，待慢长树长大后再逐步砍伐。

16 健杨（*P.* ×*canadensis*‘Robusta’）

健杨1895年起源于法国，被认为是棱枝杨与甫占梯黑杨杂交种，雄株，多个无性系，具有生长速度快、轮伐期短、干直、尖削度小、轮生节、无大枝、饱满度好、抗性强等特性，广泛种植于法国、英国、德国、比利时等国家。

1958年和1959年，由中国林业科学研究院林业研究所和中国科学院北京植物园分别从比利时和波兰引进，1962年从中国林业科学研究院引入盖州，1980年通过成果鉴定，其生长较快、适应性强、材质较好，全省一般无冻害。对土壤要求不严，适生于沙质壤土，在光照充足，适宜的温度和水、肥条件好的立地条件下，生长迅速，特别是在幼龄期生长非常快。吉林、内蒙古等周边省份亦有引种试验。

健杨的树冠窄小，为塔形或长卵形，上部树皮灰绿色、光滑，老树干基部灰褐色、纵裂。侧枝细小、轮生状，分布均匀，45°角向上伸展。刚出叶，绿色浮红。叶大三角形，正面绿色，背面浅绿色，叶长11～20cm，叶宽11～22.5cm，叶质半透明，叶尖渐尖或扭尖，叶基浅波状心形或截形，多具1～2腺点，叶缘皱曲具波状齿。叶脉自基部7出，正面绿色浮红，背面浅绿色，主侧脉夹角60°～75°。叶柄绿色，两侧扁，柄长7～13cm。每株苗有叶达83片之多，叶着生挺立。苗茎直立具棱，茎基部灰绿色，上部鲜绿色，皮孔椭圆形或卵圆形。芽绿褐色，紧贴茎。

17 中荷64杨（荷兰3016杨）（*P.* ×*canadensis*‘N3016’）

中荷64杨是荷兰森林及城市研究所选育出来的，雌性，其母本为美洲黑杨，父本是欧洲黑杨。1982年由中国林业科学研究院林业研究所引进我国。辽西地区引入栽植较多。该品种树干通直，圆满度大，冠窄、分枝角度小，叶小而密，在辽西干旱地区的建平，9年生林分平均胸径31.2cm，单株材积0.7881m^3，形数大于0.45。

18 荷兰3930杨（*P.* ×*canadensis*‘N3930’）

1983年荷兰3930杨由中国林业科学研究院引进辽宁。形态特征为：雄株，树干挺直，树皮灰褐色，浅状顺向裂，树冠开阔，侧枝角度为60°～80°，叶宽三角状，深绿色。当年生苗皮色深绿，皮孔白色，圆状，均匀分布。叶为宽三角形，宽大于长，先端渐尖，基部浅心形，叶缘粗锯齿，叶柄宽扁。芽绿褐色，较小，短而圆钝，在梢部有旋转弯。

荷兰3930杨显著特性是速生性，其树高年均可达2.5m，胸径年均3.5～4.0cm，10年左右可产材195～225m^3/hm^2。遗传稳定性高，适应性强，并具有一定的抗病虫害能力。在辽宁省灯塔县3年生胸径12.0 cm，年均胸径4.0 cm，在锦州凌海市6年生胸径超过20.1 cm。

荷兰3930杨也是制浆造纸的优良原料。1993年通过成果鉴定，1996年被评为原林业部重点推广杨树品种。荷兰3930杨适生范围广，属于较喜温型树种，生长期在145～190天的地区均可栽植，其中锦州、葫芦岛、鞍山、辽阳、营口、大连等为重点栽培区。

19　107 杨（*P.* ×*canadensis*‘Neva’）

107 杨是意大利杨树研究所 1974 年登记注册的无性系，母本是美国伊利诺斯州的美洲黑杨，父本是意大利中部的欧洲黑杨。1984 年由中国林业科学研究院从意大利引进。欧美杨 107 树干通直，树冠较窄，分枝角度 45°，侧枝较粗，叶片小而密，满冠。树皮灰色较粗。

20　108 杨（*P.* ×*canadensis*‘Guariento’）

欧美 108 杨是意大利罗马农林研究中心选育的欧美杨天然杂种，由意大利杨树研究所保存，以意大利画家“Guariento”命名。1984 年由中国林业科学研究院从意大利引进。108 杨为雌株，大树树干通直，树冠窄，尖削度小，主干与侧枝夹角 45°，树皮粗糙，皮孔菱形，树皮深褐色。

1992 年引入辽宁，在大连、海城、辽阳、阜新、朝阳等地试验。表现出易繁殖、生长快、干形好、但耐寒性差等特点。108 杨在辽阳 4 年生最大单株树高达 12.0m，胸径达 18.5cm；在海城市东四镇哈达村 9 年生 107 杨，树高 24.2m，胸径 29.1cm，单株材积 0.6445m^3。但近年来产生冻裂等伤害。以上两种杨树属于极喜温型品种，适宜辽南和西南部环渤海一带栽植，其他地区栽植易产生冻害。

21　辽宁杨（*P.* × *Liaoningensis* Z. Wang et H. Z. Chen sp. nov）

辽宁杨是辽宁省杨树研究所陈鸿雕等 1982 年通过室内切枝水培杂交、集团选择培育出的抗病速生新杂交种。组合为鲁克斯杨×山海关杨。特征为树干通直，树冠尖塔形，枝叶茂盛，树皮粗糙，顺向深纵裂，灰褐色，小枝有 5～6 条明显的棱线，侧枝角度大，短枝叶三角形，叶基部为浅心状，叶端宽圆渐尖或微凸尖。

辽宁杨速生性强，在辽宁灯塔 5 年生最大胸径可达 23.3cm。在南方及长江流域：一年生扦插苗当年平均苗高 4.5m（最高 6.3m），平均胸径 3.3cm（最大 4.6cm）；一年生扦插苗造林当年树高可达 8.1m，胸径可达 8.2cm。

22　辽河杨（*P.* × *Liaohenica* Z. Wang et H. Z. Chen sp. nov）

辽河杨是辽宁省杨树研究所陈鸿雕等 1982 年通过室内切枝水培杂交、集团选择培育出的抗病速生新杂交种。组合为山海关杨×哈佛杨。特征为：树体通直高大，底部树皮较粗，上部树皮浅绿色，有明显倒山形棱线，分枝角度 45°～60°不等，嫩枝有 5 条明显棱线，叶片稀而大，树冠尖塔形，树干枝条少，轮次明显。

辽河杨在辽宁灯塔 5 年生胸径达 21.2 cm。在南方及长江流域：一年生扦插苗当年平均苗高 47m（最高 6.5m），平均胸径 3.2cm（最大 4.5cm）；一年生扦插苗造林当年树高可达 8.3m，胸径可达 8.0cm。

23　盖杨（*P.* × *Gaixianensis* Z. Wang et H. Z. Chen sp. nov）

盖杨是辽宁省杨树研究所陈鸿雕等 1982 年通过室内切枝水培杂交、集团选择培育出的抗病速生新杂交种。组合为圣马丁诺杨×山海关杨。特征为：树体高大通直，干形圆满，树皮较薄，灰褐色，树干有分布不规则的眼形叶痕。

盖杨在灯塔5年生胸径为24.2 cm。在南方及长江流域：一年生扦插苗当年平均苗高4.3m（最高6.1m），平均胸径3.1cm（最大4.5cm）；一年生扦插苗造林当年树高可达8.0m，胸径可达8.0cm。

辽宁杨、辽河杨、盖杨生长速度快，抗病虫能力强，出材率高。3个品种10年生蓄积都可达225m^3/hm^2。3个品种木材原浆白度在70.7%～72.9%，是优良的造纸原料。3个品种已经成为辽宁省重点推广杨树良种之一。辽宁杨、辽河杨、盖杨属于喜温型品种，在辽宁沈阳以南及湖北等长江中下游地区都适宜栽植。

24 辽育1号杨（*P.* ×'Liaoyu-1' Y. S. Li et Y. Dong sp. nov）

辽育1号杨是辽宁省杨树研究所董雁等于1992年采用人工控制授粉的方法，进行有性杂交选育出的抗寒、耐旱的杨树优良新品种。

辽育1号，雄性，树干通直圆满，树干1/3以下树皮为暗灰色，成纵裂，树冠大，尖塔形，分枝密而细，层枝明显，下部枝夹角45°～60°，5～6年生进入花期。当年生苗顶端冬芽离生，芽长圆柱形，夏胶乳白色。叶为心形，基部深心形，叶宽大于长，表面平滑，两边缘下垂，腺体多为2个。

辽育1号杨速生性强，在自然条件比较恶劣的辽北地区昌图县6年生区域试验林中，辽育1号平均胸径为18.0cm，树高14.0m，单株材积0.1340m^3，分别是当地20几年来一直采用的主栽品种昌图小钻杨（*P.* ×xiaozuanica'Changtu'）的2.3倍、1.7倍和6.0倍。

辽育1号杨属于较抗寒品种，适生范围广。无霜期在140天以上的地区，能正常生长。

25 辽育2号杨（*P.* ×'Liaoyu-2' Y. S. Li et Y. Dong sp. nov）

辽育2号杨是辽宁省杨树研究所董雁等于1992年采用人工控制授粉的方法，进行有性杂交选育的新品种。

辽育2号，雄性，树干通直圆满，1/3以下树皮暗灰色，成纵裂。树冠大，成塔形，分枝密而细，层枝明显，下部枝夹角45°～50°，5～6年进入花期。1年生苗顶端冬芽着生紧密，圆柱形，夏胶乳白色。叶三角形，长大于宽，基部深心形，腺体为2个，初展叶时微红色。一年生茎褐色，上部棱线明显，皮孔小而圆（略大于辽育1号）明显。

辽育2号杨速生性强。在自然条件比较恶劣的辽北地区昌图县6年生区域试验林中，辽育2号平均胸径为17.9cm，树高13.8m，单株材积0.1282 m^3。在其他几个试验区生长量也同样高于当地主栽品种。

适生范围广。无霜期在140天以上的地区，能正常生长。

26 辽育3号杨（*P.* ×'Liaoyu-3' Y. S. Li et Y. Dong sp. nov）

辽育3号杨是辽宁省杨树研究所董雁等于1993年采用人工控制授粉的方法，进行有性杂交选育的新品种。利用辽宁杨速生的特性和从加拿大高寒地区引进抗寒的美洲黑杨D189进行种内地理远缘遗传改良。改良后的杂种命名为辽育3号雌株无性系。辽育3号杂种优势显著。

利用10年的时间在辽北、辽西北及辽南进行田间试验和室内测试。实验结果辽育3号不但表现了抗逆性强于亲本，且材积生长量也明显超过亲本，如在辽北地区9年生的大树，平均材积单株生长量是辽育3号0.22m^3，D189杨0.21m^3，（母本辽宁杨一年生时因受冻害和干旱，地上部分全部干枯无法参比）；辽西地区7年生平均材积单株生长量是辽育3号0.32m^3，D189杨为0.25m^3，辽宁杨0.26m^3；材质也好于亲本，如纤维长度是辽育3号1164μm、D189杨1117μm、辽宁杨887μm；基本密度为辽育3号0.391g/cm^3、D189杨为0.369g/cm^3、辽宁杨1.08g/cm^3；辽育3号纸浆得率为48.37%，辽宁杨粗浆得率为52.53%。

辽育3号的选育成功，使美洲黑杨在辽宁省北部平原地区得以栽植，也丰富了辽宁的杂交育种亲本和美洲黑杨基因资源。

四、派间杂种

27 小钻杨类（*P.* ×*xiaozuanica* W. Y. Hsu et Y. Liang）

小钻杨是小叶杨和钻天杨的自然杂交种，由于长期自然选择，人工筛选和繁殖，在各地区形成了不同的生态型，在形态特征上略有差异。通过对辽宁省小钻杨优树无性系的区域筛选，于90年代初筛选出10个适应辽宁省各种不同立地条件的优良小钻杨无性系。即兴城小钻杨（*P.* ×*xiaozuanica*‘Xingcheng’）、灯塔小钻杨（*P.* ×*xiaozuanica*‘Dengta’）、鞍杂杨（*P.* ×*xiaozuanica*‘Anza’）、义县小钻杨（*P.* ×*xiaozuanica*‘Yixian’）、北镇小钻杨（*P.* ×*xiaozuanica*‘Beizhen’）、桓仁小钻杨（*P.* ×*xiaozuanica*‘Huanren’）、铁岭小钻杨（*P.* ×*xiaozuanica*‘Teiling’）、法库小钻杨（*P.* ×*xiaozuanica*‘Faku’）、喀左小钻杨（*P.* ×*xiaozuanica*‘Kazuo’）、昌图小钻杨（*P.* ×*xiaozuanica*‘Changtu’）。

小钻杨大部分为树干通直，树皮光滑，侧枝细密，抗寒性强，适合生长于辽宁各地。小钻杨在我省当前人工林中栽培量很大，尤其在辽西、辽北多为主栽树种。

28 赤峰34、36号杨（*P.* ×*xiaozuanica*‘Chifeng 34、36’）

1961年，内蒙古昭盟林业科学研究所在赤峰地区从小叶杨和钻天杨的天然杂种中经栽培试验，选育出赤峰杨34、36号等。乔木，树干通直，树皮幼时灰绿色且光滑，大树树皮灰褐色，基部呈纵状浅裂，皮孔分布密集，呈菱状。树冠圆锥形，侧枝较多，多向上斜伸展。赤峰杨在水肥条件较好的平地生长迅速，生长量超过小叶杨40%，在瘠薄沙地上二者差异更大，约相差1~3倍。在最低气温-31.4℃，初霜期在4月下旬，终霜期在9月下旬，无霜期仅150天的地区越冬生长无冻害。耐干旱瘠薄，耐盐碱，抗病虫，“三北”地区（气候条件类似赤峰地区）都可栽植。

29 白城杨（*P.* ×*xiaozuanica*‘Baicheng’）

白城杨是吉林省白城地区林业科学研究所金志明等于1961年在白城铁路林场等地选出的一个小叶杨与钻天杨的天然杂种。经长期栽培试验又选育出白城杨—2号优良性系。

白城杨为雄性。树干通直。侧枝近轮生，与主干形成45°，树冠圆锥形或近塔形，幼树皮灰绿色，纵裂，壮龄时暗褐色或暗灰色。白城杨在年平均气温4.4°，极端最低气温

-36℃,无霜期150天的寒冷地区生长良好，越冬不枯梢，抗寒能力强。在年降水量430mm地区正常生长。耐轻度盐碱。白城杨在辽宁省的北部、西北部生长良好。

30 群众杨（小美旱）(*P.* ×*xiaozuanica* 'poplar')

群众杨杂种系列是中国林业科学研究院林业研究所徐伟英等于1957年以小叶杨为母本，钻天杨和旱柳混合花粉为父本进行杂交育种，培育而成的杨树优良品种，通过同工酶、免疫化学等测试，证明其含有旱柳的遗传物质。该品种具有速生、抗盐能力强、耐旱等特性。

群众杨主干圆满，削度小，树皮灰褐色，下部纵裂，上部浅裂光滑，侧枝基部与主干呈35°~45°度角。该品种可适生于辽宁各地，在彰武县四堡子乡有一块约3.3hm^{2}的群众杨纯林，长势十分优良。群众杨可以营造速生丰产林、防护林及四旁植树，在轻盐碱地可生长正常。

31 北京杨（*P.* ×*beijingensis* W. Y . Hsu ex C. Wang et S. L. Thung）

1956年，徐纬英、黄东森等人以生长快、适应性较广的中亚细亚钻天杨为父本，以青杨（北京西山）为母本进行有性杂交，经过测定和选择，在具有杂种优势较强后代的13个无性系中选育出北京3号、0567号和8000号等5个北京杨优良无性系。具有早期速生、树型美观、耐冷凉气候等优点，其中北京3号在黑龙江哈尔滨、绥化地区区域试验中，其抗寒性和生长量均超过当地原有品种；北京8000号适应山西、甘肃等地，生长量好于当地品种。

该品种树干通直，树皮灰绿色，渐变为绿灰色，光滑，皮孔圆形或长椭圆形，密集，树冠卵形或广卵形，树枝斜上，嫩枝带绿色或呈红色，无棱；芽细圆锥形，先端外曲，淡褐色或暗红色，具粘质。苗期枝端初放叶时，叶腋内含有白色乳质；短枝叶卵形，长7~9cm，基部圆形或广楔形至楔形，先端渐尖或长渐尖，边缘有平整的腺锯齿，具狭的半透明边，表面绿色，背面青白色。

32 昭林6号杨（*P.* × *xiaozhuanica* W. Y. Hsu et Y. Liang 'Zhaolin-6'）

昭林6号杨是内蒙古赤峰林科所用赤峰杨为母本，以欧美杨、钻天杨和青杨的混合花粉为父本杂交形成的无性系。乔木，多父本混合遗传型，雄性无性系，树干通直圆满。树皮光滑灰绿色，大树基部微浅裂，皮孔明显，菱形。树冠圆锥形，侧枝与主干呈60°~70°角。昭林6号杨，表现出明显的多亲本杂种优势，在内蒙古、辽宁等地不同立地条件下对比试验得知，不但在较好的水肥立地条件下生长迅速，比对照品种小叶杨材积生长快3倍多，而且在比较干旱的草原地区造林，生长仍比小叶杨快1倍多。

昭林6号杨是内蒙古及西北地区杨树人工片林和农牧场防护林带的优良栽培品种，经过20多年的栽培与推广，已成为“三北”防护林重要树种之一。

33 中黑防1、2号杨(*P. deltoides* Bartr × *cathayana* Rehd. 'Zhonogheifang -1' -2')

中黑防杨是美洲黑杨与青杨、黑小杨人工杂交种，20世纪80年代，黑龙江防护林研究所引进150个无性系，通过选择选育出适宜北方干旱寒冷地区速生、抗性强的良种。中黑防1号杨，树干通直圆满，皮灰绿色，光滑披白粉，皮孔线形横向不规则排列，雄性；中黑防2号杨的形态特征与中黑防1号杨基本相似。

中黑防1、2号杨是高纬度寒冷、降水少、土壤瘠薄地区适生的北方型美洲黑杨，在黑龙江省齐齐哈尔市的物候是：4月下旬芽膨胀，5月上旬展叶，9月中旬叶变色，10月初开始落叶。在最低气温－39.5℃、无霜期115天、年降水量500mm条件下生长正常，无枯梢，无冻害，对灰斑病、黑斑病具有较强抗性，杨干象甲和烂皮病有轻度危害。根据黑龙江省科学技术委员会品种鉴定，中黑防1、2号杨最适合在温和半湿润条件下，疏松、通透性好的草甸土、黑土、风沙土的黑龙江省松嫩平原、三江平原生长。在“三北”半干旱地区亦可栽培推广栽培。

34　中绥4号杨、12号杨(*P. deltoides* Bartr. × *P. cathayana* Rehd. ‘Zhonogheifang－4’－12’)

中国林业科学研究院林业研究所于1978年以美洲黑杨为母本、青杨为父本杂交培育获得杂种后代100多个无性系，于黑龙江的绥化进行区域试验选育出4号和12号。中绥4号杨，乔木，雌性，树干通直，树冠卵形，侧枝轮生，树皮光滑灰绿色，基部纵裂。中绥12号杨，乔木，雄株、树干略弯曲，树冠长卵形，侧枝平展，树皮光滑灰绿色。中绥4号、12号杨耐寒性能较强，在黑龙江省绥化市及其以南地区栽培，苗期有轻微冻害，冻害指数5%。对黑斑病、灰斑病、烂皮病、白杨透翅蛾有较强抗性，在黑龙江省中、南部黑土、风沙土，潮土地带的三江平原生长良好，胸径年平均生长量可达2.2 cm，树高1.3m。近几年引种到辽宁西部半干旱地区，年平均生长量有所提高，胸径可达3.0 cm，树高可达1.5～2.0 m。

35　辽胡1－5号杨（*P. simonii* × *P. euphratica*）

辽胡1－5号杨是辽宁省杨树研究所历经40年时间的研制，克服远缘杂交不可交配性，进行F1杂种（桥梁树种小×胡）与其他速生杨树的复合杂交方法选育而成的速生耐盐碱的杨树新品种，这5个品种属于青、黑杨派和胡杨派间杂种，具有耐盐碱（能在含盐量0.5%以下，pH值8.5～9.5之间正常生长）、抗寒抗旱、抗病抗虫、生长迅速等优良特性。在18年生的试验林中辽胡1号杨树高、胸径、材积和材积生物量分别为对照种小美旱的123%、140%、240%、和256%；辽胡2号杨树高、胸径、材积和材积生物量分别是对照种小美旱的101.65%、119.24%、142.86%和131.25%，具有较高的生态和经济效益。

该系列品种树干圆满通直，树枝与主干约成45°～60°角，树冠塔形，叶形较小，呈狭菱形，先端渐尖，基部楔形。适生于辽宁内陆和滨海盐碱地区。

36　银中杨（*P. alba* × *P. berolinensis*）

银中杨是由黑龙江省防护林研究所以银白杨为母本、中东杨为父本人工杂交选育的优良白杨派与黑杨派间杂种。该品种具有较强的抗寒能力，在黑龙江省齐齐哈尔气温达到－39.5℃的条件下未出现冻害；抗病虫，适应性强。银中杨雄性，速生，树干通直、圆锥形，树皮光滑、美观，是较理想的造林绿化树种。适于东北地区生长，具有生长迅速、抗逆性强、树干通直、挺拔、树形美观、不飞絮、适应范围广、易于推广种植等优良特性。

其主要技术经济指标为：生长迅速，综合指标超过小黑杨、黑林1号和2号杨等良种。在适宜地区造林，材积生长量比小黑杨提高30%；耐寒性强，在北纬48°17′、东经126°31′，年平均气温0.6℃，极端最低气温-41℃，无霜期仅110天左右的条件下栽植，仍然生长良好；耐盐能力强，可在含盐量达0.4%的土壤上正常生长；无性繁殖的成活率可达到90%以上。木材色白、细致，物理力学性质与毛白杨、小黑杨相近，优于欧美杨，广泛适用于民用建筑、造纸、人造板等行业；适生范围是辽宁、吉林、黑龙江、内蒙古、宁夏、河北、山西等地及条件相类似的杨树分布区。

第5章 杨树引种

一、杨树的引种及其原理

杨树引种是把杨树品种或无性系从原有分布范围或不同栽培地区引入到新的地区栽培，通过试验鉴定，选择其优良者进行推广应用。换句话说是根据人们需要，利用外域基因，进行本地良种化的一种简单途径。在杨树发展史中，引种取得了丰硕的成果。辽宁是杨树重要分布区，杨树品种的引进，对丰富种质资源，促进品种更新换代，增强林木抗逆性和提高生态保护效能等产生较大的推动作用。

杨树虽在辽宁有着广泛的分布，但主要以青杨派和白杨派为主，早些年在生产上应用的品种也多以青杨派与黑杨派杂交种为主，生长较慢、病害较重。为丰富造林树种，扩大品种资源选择空间，辽宁从国内外引进了大量杨树品种或无性系，极大地丰富了杨树的基因资源，也为辽宁的品种更新换代打下良好的基础。

20世纪60年代以前，小叶杨、小青杨等乡土树种是辽宁省杨树的主要造林树种。现在大部分因长期粗放的经营导致种性退化，生长衰退，部分地区已出现较大面积小老树，大大影响土地资源的利用和林业经济效益的发挥。从60年代开始，辽宁相继引进了沙兰杨、I-214杨、健杨、荷兰3930杨、107杨和108杨等欧美杨类品种，经区域化试验，然后在生产中推广应用，大大提高了产量、质量及适合工业用材的性能，使经济效益大幅度提高，对辽宁林业发展起到积极推动作用。

杨树品种的抗逆性与品种自身及环境条件密切相关。有时在较好的条件下，不少的品种都能达到速生丰产的目的，而在不利的环境条件下也多灾多难。如小钻杨和北京杨等易发溃疡病，速生的黑杨派品种又多为蛀干害虫所危害，速生的美洲黑杨品种抗旱、抗寒性较差等。针对逆境，引进不同的耐旱、耐寒、耐盐碱、抗病虫等抗逆品种进行栽培，提高林木的抗逆性，达到速生、丰产、稳定的目的。

杨树引种应是在其遗传性适应范围内迁移。迁移地与引种原产地应具有较相似的生态条件，这样才能有较高的成功率。注意的生态因子有温度、水分、光照、土壤、生物等方面。比如，南方型品种生长快，喜温喜湿；北方品种耐寒，生长期短；西部品种多耐旱、耐寒。因此，不同品种的特性是在不同的生长环境下形成的，在生育期、抗逆性和适应性等方面都具有不同的特点，只有在较相似的条件下，它们才更容易适应。

生态因子在不同的品种间起的作用不是等同的，气候因子往往起着更重要作用。比较引种两地间气候条件差异是首先要考虑的。在相似条件下，同一纬度的地区的引种成功性大些，但应根据引种目的的不同而做具体分析，如引进耐寒品种可能选择更高纬度的品种，而品种向低纬度引种时，在高一些高海拔地区栽植更易成功，这也符合生态相似性的原则。

根据我们多年进行杨树引种试验研究，证明引种除做好引种材料的严格检疫外，对其生物特性、生态习性及其特点的事先选择是个重点，一般必须注意以下几个方面：

（1）根据亲本基因表现型，判断其子代可能的表现型，尤其在速生性、抗逆性等方面。比如，母本具有很好的速生性，但不抗寒，而父本抗寒性好，这样其子代完全有可能出现既速生又抗寒的品种，可成功北移。

（2）根据引种原产地的地理条件和亲缘关系，较近品系在本地的表现进行引种。如一般从加拿大来的品系抗寒性好，如果速生性等其他性能较好，易于成功。从意大利来的品种一般速生性较好，耐寒能力在辽宁一般是个分水岭，如107杨、108杨等在辽宁南部生长比较好，而在北部就有冻害。

（3）根据生态相似性原则，比较引种两地间主要生态因子的差异，主要包括纬度、年均温度、年有效积温、年最高温和最低温及持续时间以及降雨量和海拔等。朝鲜、韩国、日本北部、美国中北部、东欧、西欧等在纬度上接近辽宁省，再结合其他气候条件，可作为引种的候选地。

（4）为特殊目的而引种，可从病虫害频发地区选择有特殊抗性的品种引进。如可在盐碱地区引进耐盐品种，可在高纬度地区引进耐寒品种等。同时，借鉴前人引种经验，摸索引种的规律，少走弯路。

二、辽宁杨树引种概况

辽宁省的原产杨树主要是小叶杨、小青杨、青杨、香杨等青杨派树种及白杨类的山杨，基本无黑杨类分布。栽培品种较为单纯，生产力低下。外来杨树的引种大约始于20世纪初叶，60年代以后，建立了省杨树研究所以来，开始有计划地大批引进国内外杨树新品种，取得了显著成效，对于丰富杨树品种资源，提高杨树造林生产力起到极为重要的作用。

纵观辽宁省杨树引种的历史，大体可分为4个阶段。

（1）大约在90年前，加拿大杨传入我国之后不久引进辽宁省。80年前钻天杨也相继引入辽宁，当时只是栽在铁路沿线的车站、宅旁作为观赏。新中国成立后才注重对这两个黑杨类品种的栽植，使其在公路、城乡街道及宅旁占有一定比例，多集中在辽南、锦州及丹东一带交通方便的地方。

加拿大杨表现速生，发展较快些，钻天杨引种后与原产地的小叶杨之间可配性强，配合力好，在系统发育中及自然选择下，逐渐形成一批不同地理型杂种（目前统称为小钻杨），生长及抗逆性较优，据考证在伪满时期至新中国成立初期，即有人在东北及省内曾进行过少量栽植。加之早年大连地区和熊岳农业试验场少量从关内移栽的毛白杨和银白杨。这就是外来杨树在辽宁省引种的最初阶段。

（2）20世纪60年代初，省杨树研究所开展了有规模地引种国内外品系并进行区域对比栽培试验。1962～1965年引进收集各类杨树品系达百种之多，其中沙兰杨、健杨、波兰15A等欧美杨34种，牛津杨、罗彻斯特杨等青杨类品种35种，新疆杨等白杨类3种，胡杨类1种，青杨与黑杨间杂种20余种。国外品系多来自波兰、德国、比利时及苏联，国内品系来自黑龙江、北京、内蒙古、陕西等省市。这批品种经初步筛选淘汰后，有40余种在省内14个市县设点试验观察，1970年试验已取得阶段性成果，并于1971年、1974年两次组织了由科技人员和林业工作者参加的品种评定工作，当时已有10多个崭露头角的优良品种逐步为生产所应用，促进了杨树良种事业在辽宁省的进展。如沙兰杨、健杨、晚花杨、波兰

15A、格尔里杨、I－262杨、小黑杨、北京杨0567号、北京杨8000号等一批良种的应用。

到了80年代进行了成果鉴定，杨树研究所引种的健杨、沙兰杨获辽宁省科技成果三等奖。最具代表性的沙兰杨，当时全省推广面积近1万hm^2，仅省杨树研究所与地方合作在海城、辽阳、凌海营造的速生林基地就达1000多hm^2。通过精心栽培，不少地方创造了杨树栽培的丰产典型，刷新了全省前所未有的产量记录。如海城市大莫村40hm^2沙兰杨，9年生平均产材225m^3/hm^2，灯塔市大纸房村15年生沙兰杨平均树高24.6m，平均胸径55.8cm，单株材积达2.79m^3；至今尚保存在该地的40年生6株沙兰杨，最大单株树高31.5m，胸径115cm，单株材积12.95m^3，成为目前栽植速生杨树龄、材积范例之最，是宝贵的资源。沙兰杨引种的成功，标志着辽宁省杨树造林历史性的飞跃，在当时可谓”三年成椽、五年成檩、八年成柁”。

沙兰杨引种推广的成功，于1984年还获得了国家科委、国家农委重大科技成果推广奖，同年省杨树研究所被评为国家林业部先进单位，还得到了全国沙兰杨学术会议的充分肯定。

（3）20世纪70年代后期至80年代初，省杨树研究所又比较集中的引进一批国外新品种，如1978年引自意大利的I-45/51杨等6种，1981年引进鲁伊沙杨等5种，1983年引自荷兰的N3930杨等5种，同样经过繁苗测试，在辽阳市小北河村、凌海市金城原种场、庄河市小孤山等地试种，有的表现极好，如荷兰3930杨、I-45/51杨等，有的则不能安全越冬，如哈佛杨、鲁伊沙杨。1990年这批国外黑杨类品系进入成果鉴定阶段，表现突出的是荷兰3930杨、I-45/51杨（均获辽宁省政府科技进步三等奖）。荷兰3930杨生长快、材质好、适应性强、遗传稳定性高，是制浆造纸的优质原料，抗病虫害，在中等立地条件下，胸径年平均生长量可超过4cm。如辽阳市小北河村9年生树高24m，胸径41.6cm，单株材积达1.51m^3。1996年被林业部定为推广项目，现已被生产广泛应用，成为大面积商业性栽培的更新换代品种。I-45/51杨干形通直，早期速生、抗病虫、适应性强。

这期间省内的一些生产单位也进行过杨树引种并在林场内定植。1981年，新民机械林场从江苏泗阳引进速生的欧美杨品种I-214杨获得成功，当时5年生平均胸径14.8cm，平均树高9.9m，比当地主栽品种增加128.8%～189.5%。后来又陆续从省杨树研究所、中国林业科学研究院等地收集50多个品种定植。这包括辽宁杨、鞍杂杨、中荷64、中林46、W14杨等，1991年将其中21个苗期表现较好的品种营造对比试验林，结果表明辽宁杨、W13、W14等表现最好。

黑水林场地处辽宁西部，气候干旱少雨，原只栽植群众杨、白城杨、小黑杨、赤峰杨和北京杨等小钻类和青杨类树种。1984年由中国林业科学研究院引进56个美洲黑杨及欧美杨无性系与当地合作试种，并以北京杨0567为对照，经过10年试验，筛选出中荷47号杨（*Populus×euramericana*‘Agathef’）、中荷64号杨（*P.×euramericana*‘N3016’）、中荷48号杨（*P.×euramericana*‘N3014’）、中加30号杨（*P.×euramericana*‘DN128’）和中美51号杨（*P.×euramericana*‘Imperial’）5个优良无性系，这些品种树干通直、材质优良、生长快、并耐旱、耐寒。

（4）20世纪90年代后，省杨树研究院又引进原产于意大利、美国、葡萄牙、南斯拉夫和中国林业科学研究院的第三批现代黑杨无性系14种，分别在辽阳、海城、朝阳、阜新、盘锦等地设点测试。其中欧美杨107、108表现出十分理想的生长速度和优良的干形，树高年均2～3 m，胸径平均3～4cm。树干通直圆满、侧枝斜上、分布均匀。在海城市东西镇哈达村9年生107杨，树高24.2m，胸径29.1cm，单株材积0.6445m³。进入2000年以来，全省栽培面积不断扩大，但由于该品种属喜温型，在遇到特殊寒冷的气候时，会出现冻裂甚至死亡，因此应在南部及西南部沿海地区气候较温暖及温差变幅较小的地区推广。

辽宁省杨树研究所在2000年后进行了大量引种工作，国内主要从中国林业科学研究院引进包括黑杨派（美洲黑杨和欧洲黑杨）与青杨派（大青杨、小叶杨和马氏杨）杂交种300多个；从北京等引进新杂交无性系109杨、110杨、111杨、转基因抗虫杨、陕3、陕4等；从黑龙江引进中绥4、中绥12、N60、DN113、中黑防和欧黑系列等无性系；从吉林引进白林系列、白城杨、黄快杨、晚花杨、大青杨、黑林系列、抗寒毛白杨等；从内蒙古自治区通辽等地引进斯大林杨、通林5号、哲林系列、黑林系列、拟青×山海关等无性系；从山东引进窄冠黑杨、窄冠黑白杨、W_{141}、T28等。国外从意大利引进黑杨派及与青杨派杂交种（cellina，ongina，zero，savio，eridano，m67－044，M67－47，m67－041，M67－041，parma）毛果杨（*P. trichocarpa*）等10多个品系；从日本引进马氏杨（*P. maximowiczii*）、马氏杨×美洲黑杨、美洲黑杨×马氏杨、美洲黑杨、马氏杨×（毛果杨×美洲黑杨）、马氏杨×纤毛杨等6个类别，共83个无性系。现正在扩繁和区域试验中。

三、引种的收获和问题

辽宁杨树通过不同时期的引种，规模不断扩大，现在全省引进的杨树品系超过600种，保留下的也有400～500种，在生产上推广应用的有20～30种。这些品种在不同的历史时期，极大地丰富了杨树栽培类型，使不同的立地条件下都有不同的适应品系，也扩大了良种栽培范围。比如，速生欧美杨的沙兰杨、I-214、荷兰3930杨等，在辽宁中南部生长良好，生产力很高。沙兰杨在辽阳灯塔西马峰乡大纸房村树龄保存6棵，40年生，最小胸径已超过1m，树高30m，最大单株树高31.5m，胸径115cm，单株材积12.95m³。现在仍然生长旺盛，是引种成功的好的例证。

引进外域良种进行本地良种化，可缩短良种培育时间，增加优良基因资源，为杂交育种等提供有价值的亲本。因此，可明显加快良种培育步伐。如80年代，随着美洲黑杨基因的引入，在较短的时间（大约10年左右）内培育出辽宁杨系列、辽育系列等一批速生性好、抗逆性强的杨树优良品种。

通过数十年引种实践证明，黑杨派中的美洲黑杨及其与欧洲黑杨间的杂种——欧美杨，其速生潜力最大，尤其是美洲黑杨比欧美杨更速生、抗病性强、材质较好，应作为今后商品用材引进的重点。美洲黑杨自然分布区广泛，分为南方、中部和北方3个起源区，南方型喜温，在辽宁省一般不易安全越冬，中部起源的可考虑在大凌河至沈阳一线以南地区引种，北方型生长虽稍慢，但适宜北部、西北部引进试种。欧美杨生产国在欧洲，意大利、荷兰等国有先进的育种经验，新的更新换代品系不断产生，应及时选取那些生态、生物学特性更适应辽宁省条件的品系试种。

对于寒冷、低山丘陵及干旱贫瘠缺乏适宜土壤条件的地方，一方面要注重青杨派和白杨派树种的引种研究，另一方面可通过用黑杨派树种和当地乡土树种进行遗传改良。

引种是一项严谨的科学试验，要遵循“一方土、一方种”的自然规律，当前的主要问题是有些林业生产单位和个人为了经济利益和商业炒作，在对外来杨树品种的起源适生条件和生长特性了解不够，对自身造林的立地条件和气候条件了解甚少的情况下，盲目引进，不经试验就进行大面积的开发推广或种苗销售，这样势必会给生产造成不可弥补的损失。

在林业生产过程中，从引进品种推广到种植者收获，各个环节常相互脱节，尤其是种植者缺乏对品种特性和栽培技术了解，盲目造林和粗放管理的结果，必然出现许多问题。如冻害问题，108 杨和其他一些速生杨等栽植范围超过了其适生区，造成大面积幼林死亡，不但没有收获，反而浪费了大量的人力和财力；还有病虫害问题，从品种角度讲，没有充分考虑良种持续抗性和林木的优质高产应放在同等重要的目标，尤其是从国外引入和国内各种繁殖材料的盲目交流及不科学进入市场，使防治技术和防治手段研究及推广远跟不上人工林迅速发展和病虫害迅速发生和蔓延的速度，使一些地方病虫害危害严重（尤其是蛀干害虫等），不仅大大影响了木材质量和产量，而且增加营林成本，同时化学农药的大量使用又带来了污染和抗药性等一系列问题，因此，要获得真正引进新品种的生态和经济效益，不论是科研工作，还是林业生产，认真求实的科学态度是获得高效益的第一步。

第6章　杨树选择育种

一、选种的原理和基本方法

1　选种的原理

杨树选种以实生选种为主。在自然授粉过程中，因植株个体基因重组或基因突变所产生种内或种间的遗传物质交流和突变，从而产生各种遗传变异，通过对变异种群定向选择，可以获得优良新品种，这就是选种的基本原理。

实生变异存在以下特点：

（1）变异的普遍性。因杨树是异花授粉的植物，杂交后代常出现分化，群体内基因型杂合。因此，由基因重组和外源基因渗入产生变异的可能性大，会发生多种多样的变异。

（2）变异的连续性。变异类型是在当地条件下形成的，只有与当地条件相适应的变异类型才有更多机会扩大种群，尤其是数量性状的变异大小、高矮、多少等，都具有连续性。人们也可利用变异的连续性，进行多代选择。

（3）变异的积累性。变异虽然是普遍和连续的，但不一定是定向的，有着偶然性。通过基因型的杂合，可能出现某些优良性状得以表现和加强，但只是部分，要想得到更多优良性状，需要多次变异后代优良性状的积累。但通过无性繁殖后，其优势会下降，有些品种选种时，特别理想，经扦插几代后，退化明显，这主要是由于受基因显性作用和上位作用控制的数量形状受环境因素影响大，不能被固定的结果。通过纯合某些优良基因可提高优良性状的稳定性，利用人工控制授粉回交等方式，可纯合基因，逐步实现定向变异。

2　选种的基本方法

2.1　混合选择法

混合选择法是根据植株表现性状，从混杂的原始群体中选择目标要求的优良单株种条或种子进行繁殖，再与当地优良品种进行比较鉴定，为混合选择法。它可以保持良种的优良特征，根据分生组织的“成熟效应”可选择接近幼化的组织部分进行繁殖。

2.2　单株选择法

单株选择法又称系谱选择法或系统选择法，它是一种按照选种目标，从原始种群中选一些优良单株，分别自交，产生后代形成株系，根据株系好坏来鉴定亲本基因型优劣的选择方法。尤其是多次选择，加速遗传性状的纯合与稳定，可以提高新一代杂交种群的遗传优势和稳定性，但在杨树上选择周期长，成本高，虽比较理想，但应用少些。

2.3　集团选择法

集团选择法是根据选种目标，从原始种群中选出多个性状相似的优良单株，进行无性系扩繁，在淘汰不良无性系外，不进行单一分类，把余下的无性系作为集团混合使用，对出现很少分化的较纯合基因亲本杂交的后代种群比较适用，优点是在集体造林上抗逆性等方面高于单一无性系造林。

2.4　独立淘汰选择和性状加权选择

独立淘汰选择法是对所有性状规定一个最低标准，只要个体一项性状指标不合标准就不能入选。此法选出的单株后代总体表现较好，但也容易淘汰一些个别性状差，而其他性状特别优良的个体。因此，应用时应分清主次，灵活掌握。

性状加权选择法是对选择的性状按不同的重要性和遗传力等因素给予适当的加权比分，然后按加权的总分排序，根据需要进行选取多少个体。对个体各个性状按重要性和表现型进行打分，是此法的简化，可为一类。

2.5　一次选择和多次选择

一次选择法和多次选择法是根据选种目标在选种过程中需要的次数。一次选择法可根据实际情况选择一个最有效的选种方法，如独立淘汰法或性状加权选择法等。多次选择是在一次选择的基础上再筛选，可交替使用不同的选种方法。其中，一次选择法周期短，见效快；多次选择法可根据育种目的不同，定向选取目标性状强的个体，比如得到抗逆性特别强的个体，但杨树等选择周期长，应用受到限制。

二、杨树选优标准的制定和选种程序

1　选优标准的制定

杨树在生产上主要以用材为主，因此，在选优过程中重点是比较单株的生长指标、形质指标和抗性指标。生长指标主要包括树高、胸径和材积。形质指标主要包括干型、树型、冠型和材性。抗性指标是指抗病虫、抗旱、抗寒、耐瘠薄、耐盐碱能力等。

选取优树的方法一般是优中选优的方法。有 3 株或 5 株大树法和小标准地法等。前者是在优树周围选 3 或 5 株优势木，用它们的平均值与优树的对应值对比，计算优树和优势木的平均各指标的比值，根据大出的百分点进行评分，最后进行优树选择；后者是以优树为中心，以 20～30m 为半径圆面积内为标准地，求出标准地内平均木指标，再与优树对应值相比，进行评分。

2　选种程序

优树的选择过程一般分预选、初选和复选等过程。

预选是充分调动广大群众对整个原始资源内优树进行普选，对拟合格的单株进行登记，为候选树之一。

初选是专业人员进一步对所有资料进行调查、评估，根据选优标准，将候选树种中表现更优异的初选为优树。

复选是把初选的优树进行田间对比试验（苗期试验、品种区域比较和生产中试），经鉴定，确定为良种，后扩大繁殖，进行推广。

三、辽宁省优树选择和种源试验概况

1 优树选择及小钻杨种源试验

辽宁省杨树优树选择早在20世纪60年代就开始了，当时以小叶杨选种为主，在1963年正式列为科研项目，对小叶杨进行自然优良类型的选择和对省内自然杂种（单株）优良类型的选择。

当时选择的标准是根据选种的目的，初步选择范围，然后通过调查以下几个方面：在相同的立地条件下，生长最快的；在物候期上选择早放叶的，晚落叶的；在不良的自然条件下，生长良好的。以此确立优良类型和单株。

由于小叶杨适应性强，分布广泛，在长期的系统发育中，受复杂的自然条件和长期异花授粉的影响等，发生多种多样的变异，分化出许多变种和变型，经过对昌图和彰武县地区小叶杨调查，初步将其划为4个类型：Ⅰ型、Ⅱ型、Ⅲ型和Ⅳ型。它们生长速度和形态都有很大差异，比如28年生Ⅰ型树高只有8.72m，胸径19cm；而20年生Ⅲ型树高14.6m，胸径19.6cm；Ⅳ型小枝细长下垂，似垂柳，与其他形状有很大区别。据《中国植物志记载》，辽宁省杨树研究所选的小叶杨（鞍山一号杨）被定为小叶杨一个变种，命名为宽叶小叶杨。

以天然杂种优良类型选择为重点的选种工作在同期进行，并取得了可喜的进展。1963年杨树研究所在昌图县付家屯、辽阳市玉皇庙、鞍山市三咀、本溪市草河口、盖县等地初选了15个天然杂种，次年又在辽阳市岳家、新民和彰武县等地初选了一些杂种杨，经复选得到在生产上很有影响的一批天然杂交种——鞍杂杨、盖县3号杨、草杂1号杨、付杂2号杨、岳家2号杨、辽杂杨等。

1982年辽宁省组织了全省的杨树良种普查、报优，初选了来自不同地区19株小钻杨优树。在此基础上，由省杨树研究所主持，朝阳市林业局、锦州市林科所、沈阳市林科所、阜新市林科所、辽阳市林科所、鞍山市林科所、普兰店市林业科研所、铁岭市林业科研所、桓仁县林业局、丹东市林业科研所10个单位参加，组成了“辽宁省小钻杨优树无性系区域试验协作组”开展试验。这种全省性协作攻关将地方优树再度优中选优，在国内尚属首例，他们将19株优树作为种源，采条、扩繁成无性系，经苗期试验后，于1986年春按统一设计，在全省不同地区营造10处试验林。经过7年的生长测试，在不同试验点来自不同地方的无性系表现差异很大，其中来自灯塔、兴城、义县、北镇、桓仁、铁岭、法库、喀左、昌图及鞍杂杨，这10种小钻杨无性系在许多试验点表现都很好，优于当地生产种，也好于之前大量栽植的锦县小钻杨，以后在生产上得到一定程度的推广，同时为世界银行贷款项目造林，提供了良种资源。详见表6-1。

表 6-1　辽宁各地区小钻杨对比试验生长量表

地　点	树龄	优良无性系	树高（m）	胸径（cm）	材积（m^3）	备　注
凌海市金城原种场	7 年	桓仁小钻	14.75	20.01	0.2290	超对照种锦县小钻杨 60% ~80%
		义县小钻	13.63	20.22	0.2191	
		灯塔小钻	14.38	19.44	0.2110	
		喀左小钻	14.03	19.29	0.2043	
喀左县桃花池林场	7 年	兴城小钻	16.09	19.44	0.2325	超对照种锦县小钻杨 20% ~44%
		灯塔小钻	15.58	19.00	0.2163	
		义县小钻	15.20	18.74	0.2091	
		北镇小钻	15.79	18.11	0.2061	
彰武县四堡子乡	7 年	法库小钻	12.13	16.69	0.1360	超对照种锦县小钻杨 23% ~45%
		兴城小钻	11.82	16.35	0.1282	
		鞍杂杨	12.07	16.12	0.1265	
		北镇小钻	11.54	15.79	0.1177	
新民市兴隆店林场	7 年	灯塔小钻	10.12	13.45	0.0768	超对照种锦县小钻杨 18% ~37%
		鞍杂杨	10.31	12.95	0.0723	
		昌图小钻	9.67	12.77	0.0714	
		法库小钻	9.40	12.65	0.0660	
昌图县八面城镇	6 年	鞍杂杨	11.75	15.95	0.1221	平茬一次，超对照种锦县小钻杨 20% ~77%
		灯塔小钻	11.50	14.08	0.0935	
		兴城小钻	10.36	14.08	0.0861	
		铁岭小钻	10.73	13.65	0.0827	
普兰店市唐家房乡	6 年	喀左小钻	10.42	10.61	0.0485	移栽一次，超锦县小钻杨 31% ~67%
		兴城小钻	9.38	9.77	0.0385	
		铁岭小钻	10.21	9.44	0.0379	
辽中县牛心坨乡	6 年	灯塔小钻	12.29	14.30	0.0897	晚造一年，超对照种锦县小钻杨 16% ~49%
		鞍杂杨	11.62	13.90	0.0845	
		义县小钻	10.94	13.10	0.0732	
		兴城小钻	11.21	12.90	0.0732	
桓仁县二户来林场	7 年	桓仁小钻	12.61	18.67	0.1705	超对照种锦县小钻杨 37% ~77%
		北镇小钻	12.04	16.96	0.1406	
		昌图小钻	11.49	13.24	0.1318	
灯塔县邵二台林场	7 年	灯塔小钻	12.71	14.43	0.1064	超对照种锦县小钻杨 20% ~35%
		昌图小钻	11.75	14.49	0.1012	
		铁岭小钻	11.46	14.48	0.0988	
		桓仁小钻	11.33	14.29	0.0944	

2 小叶杨种源试验

辽宁省小叶杨种源试验开始于1963年的杨树自然优良类型选择，主要对小叶杨进行了不同地理类型的种源试验。小叶杨是从不同原产地收集，主要从内蒙古赤峰、宁夏、陕西、黑龙江齐齐哈尔、河南和省内部分地区。通过物候观察和苗期生长调查发现，其中从中南部地方引种的苗木生长期略长，生长快，而西北部来的品种生长期短，生长较慢。

由于小叶杨的适应力很强，对土壤、气候条件要求不严，故分布极广，而且它在长期的系统发育过程中，受着复杂的自然条件和长期风媒传粉及人工栽培措施的影响，发生多种多样的变异，分化出许多变种和类型，其中某些优良变种已为生产上采用，如塔形小叶杨（*P. Sinonii Uaylastigiata*）等，但也有些变种或类型，变得极坏，病虫严重，生长缓慢，我们对小叶杨类型及其选择进行试验和研究（表6-2）。

表6-2 各类型小叶杨材积生长量

类 型	林龄	总生长量（m^3）	连年生长量（m^3）	平均生长量（m^3）
Ⅰ型小叶杨	5	0.0068	0.001 36	0.001 36
	10	0.0112	0.000 88	0.001 12
	15	0.0219	0.002 14	0.001 46
	20	0.0483	0.005 28	0.002 42
	25	0.0793	0.006 20	0.003 17
	28	0.0968	0.005 83	0.003 46
Ⅱ型小叶杨	5	0.0022	0.000 44	0.000 44
	10	0.0152	0.002 60	0.001 52
	15	0.0578	0.008 52	0.003 85
	20	0.1257	0.013 58	0.006 29
	25	0.1601	0.006 88	0.006 40
Ⅲ型小叶杨	5	0.0083	0.001 66	0.001 66
	10	0.0512	0.008 58	0.005 12
	15	0.1119	0.012 14	0.007 46
	20	0.1690	0.011 42	0.008 45
小青杨	5	0.0037	0.000 74	0.000 74
	10	0.0307	0.005 40	0.003 07
	15	0.0699	0.007 84	0.004 66
	20	0.1050	0.007 02	0.005 25
	25	0.1435	0.007 70	0.005 74
	26	0.1507	0.007 20	0.005 80

从表 6-2 中可以看出，20 年生Ⅰ型小叶杨材积生长仅为小青杨 46%，而 20 年生Ⅱ型和Ⅲ型小叶杨材积分别超小青杨 52% 和 60%，小叶杨不论形态和生长量都有很大差异。

2.1　小叶杨各类型的形态特征

通过对昌图县付家屯地区和彰武县部分地区的调查，发现小叶杨不论在形态特征上、生长特征上都有所差异。根据形态特征的不同，初步划为以下 3 种类型。

2.1.1　Ⅰ型小叶杨的形态特征

树形：28 年生大树，高 8.72m，胸高直径 19cm，树干稍有弯曲，树冠呈倒卵型。

树皮：干皮暗灰色而粗糙，纵向深沟状裂开，并有少量的节疤。皮孔菱形。

枝条：枝条斜出，分枝角度 30°~35°，小枝褐色，幼枝红褐色有棱。

叶形：萌发枝的叶为倒卵形，长 2~4cm，宽 1~2cm，先端短尖，基部楔型，边缘钝锯齿，叶柄长 0.3~0.8cm，呈红色。果枝的叶为菱状卵形，长 3.5~5.2cm，宽 3cm 先端渐尖，基部阔楔形，边缘中部以上有不整齐锯齿，叶柄长 2~3cm。

2.1.2　Ⅱ型小叶杨的形态特征

树形：23 年生，树高达 14.8m，胸高直径 17.7cm。树冠呈塔形。

树皮：干皮灰白色，浅沟裂。

枝条：枝条斜出，分枝角度 45°。幼枝浅褐色，有明显 4 个棱角。

叶形：萌发枝的叶为倒卵形，长 3.6~5cm，宽 2~4cm，先端短渐尖。基部楔形，果枝的叶为卵圆形或椭圆形，长 3.6~6cm，宽 3~4cm。下部宽，先端突尖，基部圆形或阔楔形。

2.1.3　Ⅲ型小叶杨的形态特征

树形：20 年生大树，高达 14.6m，胸高直径 19.6cm，树干通直，树冠为塔形或椭圆形。

树皮：干皮为灰黑或灰绿色，树干下部为纵状沟裂。

枝条：枝条斜出，分枝角度 30°~45°，小枝灰绿色，幼枝褐色，有明显的棱角。

叶形：萌发枝上的叶为倒卵形，先端突尖基部楔形，边缘粗锯齿，果枝叶为菱状椭圆形或菱状倒卵形，长 7~8cm，宽 2~3cm，最宽部在中部以上，基部楔形或狭圆形，先端渐尖。边缘钝锯齿。

第7章　杨树杂交育种

广义地说，两个遗传组成不同的亲本交配，称为杂交（crossing），所产生的后代称为杂种（hybrid）。狭义地说，杂交通常是指已有生殖隔离的异种个体之间的交配。对于森林树种，杂交通常是指不同物种或种内不同小种间（种源）的交配。

杂交育种是对遗传基础不同的树种或同树种的不同基因进行的人工交配，使所需基因重组获得符合预定目标杂种的常规育种方法。林木杂交育种是从20世纪初英国学者 A. Henry 采用有性杂交方法进行杨树杂交育种开始的，现在有性杂交已是世界杨树育种的常规途径。目前，林业生产中推广应用的杨树良种主要是通过杂交培育的，杂种优势明显，具有速生、优质、抗性强等特点，已产生巨大的效益。杂交育种仍然是目前及今后更长时间培育杨树新品种的重要手段。

一、杂交的目的及其基本原理

1　杂交的目的意义

人工杂交能成为选育新品种的有效方法，基本原因是杂交后代的基因重组产生各种各样的变异类型和杂种优势。基因重组可综合双亲优良性状，可以把不同亲本的优良基因集中到新品种中去，使新品种比其亲本具有更多的优良性状。基因互作可产生新的性状，有些性状的表现是不同的显性基因互相作用或互补的结果，通过基因重组，使分散在不同亲本的不同显性互补基因结合，产生不同于双亲的新的优良性状。基因累积产生超亲性状，数量性状由于基因重组，将控制双亲相同性状的不同基因，在新品种中积累起来，形成超亲现象。总之，林木人工杂交的目的，可归纳为以下几个方面：

（1）利用杂种优势，产生超亲性状。数量遗传基因控制的性状，在基因累加效应的作用下，杂种后代会出现某一或某几个性状的数值超过亲本的变异。

（2）产生新的性状，提高产量和改进产品品质。遗传学的研究阐明，许多性状是基因相互作用的结果。有性杂交后代改变了相互作用的基因组合，从而产生新的性状，提高产量和改进产品品质。

（3）提高树种的抗病性、抗逆性和适应性。

（4）创造特殊的远缘杂种新类型。

另外，在多倍体、单倍体育种和诱变育种等改良过程中，往往也要与人工杂交结合进行，才会达到预期的效果。

2　杂交的一般原理

杂交的遗传学基础是基因的交换、重组、互作和累加。通过杂交，可以产生各种各样的变异类型和杂种优势，为生产和科研提供丰富的选择材料。杂种优势主要表现在产量、器官体积、生长速度、成熟时期以及抗逆性与适应能力等方面，一般农业上都是以外部表现作为判断标准，但杂种优势也表现在化学成分、生理活性物质、生理生化过程强度、代谢活动水平以及各种酶体系活性等内部特性方面。

杂种优势又称异配优势（hybrid vigor，heterosis），是生物界的普遍现象。它是指两个遗传组成不同的亲本杂交产生的杂种第一代，在生长势、生活力、繁殖力、抗逆性、产量和品质上比其双亲优越的现象（或称异常表现）。杂种优势所涉及的通常为数量性状，以 F_1 代超过双亲平均值（MP）的数量（F_1-MP）表示杂种优势（绝对值），而以优势值占中亲值的百分数表示优势的程度（相对优势），即：

$$H_m = (F_1 - MP) \times 100\% / MP$$

在有些情况下，则认为 F_1 代的性状表现必须超过双亲中的最优的亲本（HP），才算是真正具有杂种优势，即

$$H_h = (F_1 - HP) \times 100\% / HP$$

杂种优势的表现是多方面的，而且是很复杂的。按其性状表现的性质，大致可以分为 3 种类型：一是杂种营养体发育较旺的营养型；二是杂种生殖器官发育较盛的生殖器；三是杂种对外界不良环境适应能力较强的适应型。这 3 种类型的划分只是相对的，实际上它们的表现总是综合的，是生物内部一系列生物代谢和外部形态建成的综合反映。可见这些优势的产生，主要是由于双亲基因型的异质综合作用，使杂种基因具有高度杂合性，因而对环境条件的改变能表现较高的稳定性和较强的适应能力。

杂种优势因物种的不同而有差别，如自交作物中，水稻是二倍体植物，杂交优势较大，而小麦是六倍体植物，它在进化过程中已经发生过 2 次自然杂交和染色体加倍，剩余的杂种优势较小，有些物种有时也可能出现杂种反而不如亲本的减退现象，人们称为杂种劣势或负方向的杂种优势（negative heterosis）。

一般地说，杂种优势主要表现在 F_1 代。根据性状遗传的基本规律，F_2 代群体内必然出现性状的分离和重组。因此，F_2 代与 F_1 代相比较，优势的表现都将显著地下降，即所谓衰退（depression）现象。并且，2 个亲本的纯合程度愈高，性状差异愈大，F_1 代表现的杂种优势愈大，则其 F_2 代表现衰退现象也愈加明显。所以，一般只利用 F_1 代的杂种优势，F_2 代一般不再利用。

二、辽宁杨树杂交育种概况

辽宁省杨树杂交育种最早始于 1959 年，至今已有 40 余年的历史。辽宁省杨树研究所做了大量的工作，进行了杨属种间、派间、杨树与其他树种科间等大量的人工杂交试验，先后获取了约 300 余个组合苗木，成功地选育出数十种优良杂种无性系，其中经成果鉴定的辽宁杨系列、辽育杨系列已给生产带来极大效益，同时在杂交基础理论、技术改进及操作方法等方面也取得了重大突破。

辽宁省的杨树杂交大体可划为 3 个阶段来概括：

(1) 20 世纪 60 年代至 70 年代初。这一时期的育种特点是在广泛收集育种原始材料基础上进行了大量的杂交组合，至 1973 年共开展了 206 个派内种间、派间和复式杂交组合，其中成功获得杂种苗木的有 170 个组合。此外还从 67 株优良母树上采收播种了自然杂交种

子。在对这些材料进行广泛研究和较系统的选择鉴定，通过区域化试验，在 1973 年选育出青×钻、熊钻 17 号、加×钻 1 号、小×钻、箭×小、小×毛 6 个优良品种，当时进行了繁殖并陆续推广。与此同时还进行了以胡杨为亲本的远缘杂交，取得了小青×胡、小叶×胡呈现胡杨类型的杂种苗木。

对杂交育种技术和相关的育种理论，也进行了探讨和研究，提出了亲本选配原则和选种程序，以及在杂种苗育苗方面试用了芽苗移栽法取得了较好的成效。

（2）20 世纪 70 年代。以抗性育种为代表的远缘杂交研究开始进行，辽宁省杨树研究所别婉曾于 1978 ~ 1979 年先后开展银白杨（*Populus alba*）×旱柳（*Salix × matsudana*）、银白杨（*P. alba*）×白榆（*Ulmus pumila*）、旱柳（*S. matsudana*）×欧洲黑杨（*P. nigra*）、旱柳（*S. matsudana*）×美洲黑杨（*P. deltoides*）等科间远缘杂交，运用子房培养法成功获得杨榆、杨柳科间及种间杂交苗木，为后来的育种奠定了坚实的基础。这时期还进行胡杨派间抗盐育种研究，李驹等曾于 1960 年就获得小叶杨×胡杨的两个极端类型的 F_1 代杂种，于 1978 ~ 1979 年连续两年利用 15 年生的小×胡 F_1 代小叶杨型进行回交、自交及与其他速生杨树杂交，把小叶杨型杂种一代作为改良胡杨和速生杨的桥梁，这一研究成果于 2004 年获省政府科技进步二等奖。该项目的研究，不仅解决了胡杨基因利用的一个共同难点，而且形成了以胡杨为亲本的远缘复合杂交育种程序，成功地将胡杨抗盐基因与速生杨的速生基因进行重组，填补了国内外耐盐碱新品种培育的空白。

（3）20 世纪 80 年代。1970 年中国引入的南方型美洲黑杨进入开花结实阶段。遗传改良的中心转移到对美洲黑杨速生基因的利用上，开始把这批速生的黑杨做亲本进行人工杂交。1990 年，辽宁省选育的辽宁杨系列和辽育杨系列打破了辽宁原无南方型黑杨派基因的杨树品种的局面。辽宁杨、辽河杨、盖杨为省杨树研究所陈洪雕于 1982 年切枝水培杂交而成，组合分别为鲁克斯杨×山海关杨、山海关杨×哈佛杨、圣马丁诺杨×山海关杨，1992 年通过成果鉴定，其抗溃疡病能力强、材质良好、速生性状显著。适应西起大凌河、东至沈阳以南地区栽培。这 3 种杨树雌雄均有。

20 世纪 90 年代初，省杨树研究所又以提高抗逆性，将速生的美洲黑杨类能向北推移为主要内容的遗传改良工作开始进行。省杨树研究所董雁于 1992 ~ 1993 年以辽河杨×鞍杂杨、辽河杨×荷兰 3930 杨、辽宁杨×D189 杨等为组合通过大树人工控制授粉杂交，其父本的鞍杂杨为本省乡土小钻杨，荷兰 3930 杨为来自荷兰的欧美杨，D189 杨为原产北纬 54°30′的加拿大树种。选育出辽育系列（即辽育 1 号、辽育 2 号、辽育 3 号）新杂交种。辽育系列通过鉴定不仅丰富了辽宁省的黑杨派杨树品种资源，而且填补了辽宁省北部、西北部原无速生黑杨类树种的空白。这个品种表现出不仅速生而且抗寒耐旱，如辽育 1 号杨在北部与内蒙古、吉林相邻近的昌图县 9 年生胸径 18. 64cm，树高 18. 0 m，其材积生长速度是当地生产种昌图小钻杨的 2. 8 倍；在盘锦 7 年生树高 18. 0m，胸径 22. 7cm。

三、远缘杂交育种

亲缘关系较远的不同类型之间的杂交，如种间、属间、科间杂交称为远缘杂交。由于变异的积累选择以及受到各种隔离因素，特别是性隔离的影响，不同种、属、科之间多存在精卵细胞杂交难以受精，得不到杂交种子的现象，形成远缘杂交不孕性或不亲和性。

远缘杂种分离范围广、分离世代长，一般在品种间杂交实在难以达到育种目标时才采用。近缘杂交易受精可亲和，而远缘杂交难受精不亲和，这种从完全不亲和到完全亲和之间存在不同程度的亲和性。事实上只需采取克服远缘杂交不孕若干措施，还是可以获得某些远缘杂种的。目前，主要措施如预先无性接近法、混合授粉法和多次重复授粉法，胚培养、经化学药剂处理、对花粉进行辐射等。

辽宁省杨树研究所在育种实践中，为了获得抗盐耐旱的新品种，运用远缘杂交技术先后开展了以胡杨为亲本的远缘杂交、杨树与榆树、柳树之间远缘杂交的尝试，并取得了一定成效，现分别介绍如下。

1　以胡杨为亲本的远缘杂交

胡杨（*P. euphratica*）既抗盐碱又耐干旱，具有优良的基因资源，但与其他派杨树杂交十分困难。1963 年、1964 年和 1978 年李驹等开展了这方面的试验，以培育适于中国大面积内陆及滨海盐碱地新品种为主攻方向，利用了胡杨特有耐干旱和盐碱的基因资源，采用一系列符合遗传学理论与规律的方法，即利用花粉粒壁蛋白对母本柱头具有识别作用和米丘林关于花粉与柱头相互作用的原理，设计并应用了母本花粉提取液处理母本柱头克服远缘杂交不可交配性的方法，以克服远缘杂交一系列障碍，创造了以胡杨为亲本之一的远缘复合杂交育种程序（图 7-1），并根据孟德尔的分离定律（F_1 不分离）和配子精纯律，通过桥梁树种（intermediary uariety）的确定，进行 F_1 杂种（桥梁树种小 × 胡）与其他速生杨树的复合杂交（multiple cross），产生了速生耐盐碱的杨树复合杂交新品种。

1.1　小叶杨 × 胡杨远缘杂交不可交配性的克服及 F_1 杂种的遗传学分析

母本柱头处理物的制取、处理及 F_1 杂种种子和幼苗的发芽和成活情况观察：①柱头处理物的制取。小叶杨花粉、胡杨柱头和雌花通过搅拌或研磨得到具有活力的浆液。②授粉及授粉前母本柱头处理。用柱头处理物刺激柱头后，用常规的授粉方法进行授粉，授粉后套袋隔离。

F_1 杂种的遗传学分析：① 小 × 胡的回交、自交和测交。虽然我们在国内外，首先获得了胡杨型（父本型）和小叶杨型（母本型）两种类型的 F_1 杂种，由于小 × 胡父本型杂种花多败育，因此确定以小 × 胡母本型进行上述 3 种杂交试验。在 3 种杂交后代中，都有胡杨型植株出现，以测交中的比例 6.31∶1 为最大，与其他两种杂交相比，显得非常趋近于理论值。②小 × 胡母本型测交的孕性变化。胡杨与小叶杨以及其他杨树的杂交不亲和性是由其遗传构成差异所决定的，通过测交证明与胡杨杂交的孕性已经提高，也就是说 F_1 的遗传构成，有向亲本胡杨亲和方向变化。

1.2　桥梁树种、遗传配合力与远缘复合杂交

桥梁树种小 × 胡母本型具有以下 4 个必备的特点：（1）拥有一定的胡杨耐盐碱基因；（2）具有小叶杨广泛的适应性；（3）可以与其他杨树，特别是速生杨树进行广泛正常杂交；（4）易于无性繁殖，可以建立无性系，固定复合的多种优良遗传性状，可用以组合胡杨、小叶杨和速生杨优良基因于一体。小 × 胡父本型的优点是拥有更多的胡杨遗传因素，可以经过回交或复合杂交解决其有性、无性繁殖困难的问题，从而创造出更耐盐碱的桥梁树种。

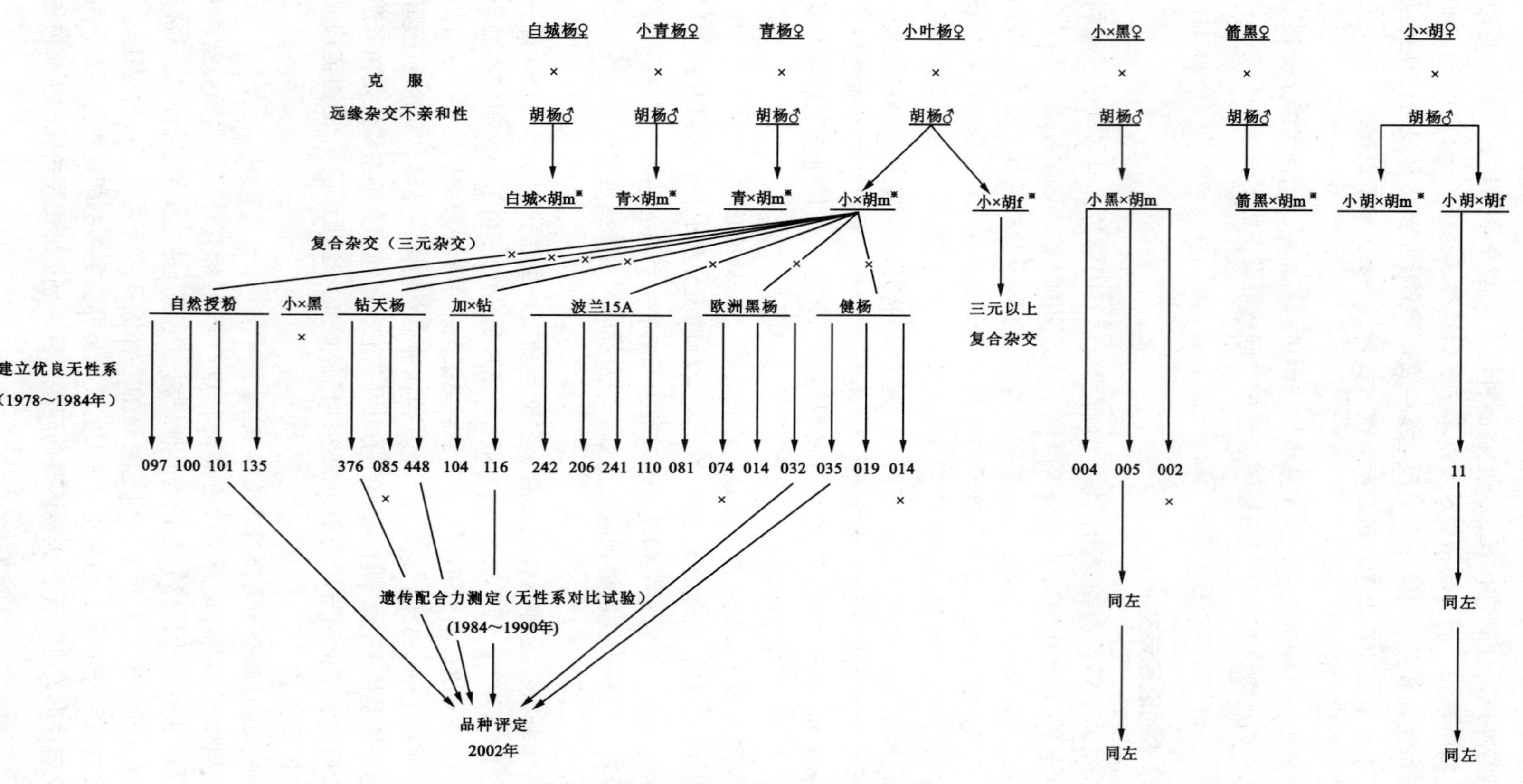

图 7-1 小胡系杨树远缘复合杂交育种程序

m 表示母本类型，f 表示父本类型，※表示尚未育种利用，x 表示淘汰

课题组通过远缘杂交，并攻克一系列技术难题，育成速生、耐盐碱小胡系杨树新品种。并在深入开展试验研究的同时，注重科技成果的转化，本着边试验、边示范、边推广的原则，从1985年开始利用小胡系杨树在省内外内陆、滨海盐碱地建立区域试验林、中试林和速生丰产林，取得了显著的社会效益、生态效益和经济效益。新品种对盐碱地气候、土壤及环境污染的绿色治理与盐碱地的木材生产具有重要意义。

2　杨树与榆树、杨树与柳树的远缘杂交

杨树与榆树的科间杂交，杨树与柳树的属间杂交均为亲缘关系更疏远的远缘杂交。从进一步改良杨树抗逆性角度考虑，辽宁省杨树研究所别婉丽于1978～1979年开展了银白杨、欧洲黑杨、美洲黑杨与白榆、旱柳之间的杂交工作，成功的培养出银白杨×白榆等组合的杂种苗，并栽植生长成大树。这是辽宁省杨树远缘杂交育种中的又一个突破。

2.1　银×榆 F_1 的获得

2.1.1　杂交障碍克服

银白杨和白榆的杂交属于科间远缘杂交。母本银白杨、父本白榆的花枝都采自辽宁省果树研究所植物园（营口熊岳），花枝发育良好、无病虫害。水培的雌花序开始伸长时，进行套袋隔离，柱头发亮时，授予混合花粉（丧失发芽力的新疆杨花粉与新鲜的白榆花粉1∶1比例混合）。授粉10天左右，果穗相继出现脱落现象，挑选出已膨大的蒴果进行消毒、接种和培养。幼胚培养的培养基为：怀特基本培养基 + IAA + BAP。培养室的条件是：白天温度25～27℃，夜间不低于15℃，每天补充光照8～10小时。

2.1.2　银×榆的获得

通过对膨大的银×榆子房解剖发现3种情况：子房内部只见有白色絮状物；子房内的胚成白色线状，未受精；子房内已开始形成淡黄色的胚。前两种情况接种在培养基中无一出苗，只有后一种情况，经过培养后，能从败育胚中长出具有根、茎、叶的完整植株。

1978～1979年别婉丽等通过子房离体培养法，成功地获得银×榆6株 F_1 的完整植株，经过扩繁，当时保存42株。现有4株银×榆大树保存于辽宁省杨树研究所圃地中。

2.2　银×榆的遗传性状

2.2.1　银×榆的形态特征

银×榆，为异花授粉植株，全部表现为偏母本的融合型，没有一株像极端的母本或父本。

其形态特征最明显的差异是叶子背面没有浓密的白绒毛，而只有稀疏的白色短绒毛，叶缘锯齿不裂，叶形近圆形或阔卵形，叶片小于银白杨又大于白榆，先端为短渐尖，叶缘为大的波状齿，叶柄扁，小枝无毛。树冠为长椭圆形，皮孔为菱形，单个或2～4个横向排列较密集，中间凹陷，侧枝多而细，枝间距4～10cm，在主干上较呈羽状排列，似榆树分枝。而母本银白杨，冠大而开展，树皮灰白色，光滑，皮孔较大为菱形，紫红色，单个或两个横向分布，中间凹陷，叶阔卵形，掌状3～5裂，边缘有卷曲的锯齿，侧枝粗壮。父本白榆的冠为长椭圆形，树皮灰白色，皮孔为横向长圆形，橘色，单个或2～3个在树干上横向排列，叶形为椭圆状卵形或椭圆状披针形，叶缘具不规则复锯齿或单锯齿，无毛或叶下面脉腋微有簇生毛。

2.2.2 早花性、两花性与受孕性

银×榆比一般杨树提前开花早3~4年，一般杨树的始花年限多在5~6年，1980年定植的42株银×榆 F_1 植株1983年春就有30株开花，占71.4%。当时开花的30株均为雄株，但在1984年我们采花枝时发现在同一植株上出现雌雄同株，更有甚者同一植株出现同一花序上不但有雌花而且也有雄花。花芽似银白杨，但比银白杨花芽小。

为了鉴定其 F_1 植株花粉的生活力，用切枝水培法进行有性杂交。父本入室后获得大量的花粉，说明散粉力是很强的，但授入银白杨雌花柱头后，绝大多数子房不膨大，花序纷纷脱落，有的虽膨大但未见种子，只有个别蒴果获得种子，但决大多数干瘪，只长叶不长根；只有极少数的种子比较饱满，播种后获得22株苗木，形态酷似母本银白杨极端类型，未见中间类型与父本型植株。

2.2.3 银×榆抗旱性

银白杨、白榆抗寒、耐盐、抗大气干旱，在空气相对湿度为50%的地方均能生长。从抗旱鉴定看出银×榆 F_1 苗继承了双亲的抗旱基因，其抗旱力介于银白杨与榆树之间。从淀粉反应测试证明了这一点，银×榆 F_1 植株趋于父本榆树，但略低于母本银白杨。测试采用染色法进行，根据淀粉含量的多少与碘化钾作用沉着色程度的深、浅程度进行测定。测试结果表明：银×榆、白榆均属Ⅲ~Ⅳ级（淀粉含量多至较多），银白杨为Ⅴ级（淀粉含量很多）。

为了进一步验证其抗旱性遗传，又进行了气孔法测定，旱生植物表现为气孔面积减少，而单位面积气孔数目增加。试验结果表明，银×榆 F_1 气孔数介于两亲本之间。

2.2.4 抗虫性

母本银白杨易遭白杨透翅蛾的危害，父本易受榆树金花虫的危害，这说明两亲本抗虫性是较差的。我们曾对定植于田间的42株银×榆 F_1 植株进行观察，没发现感染任何虫害。但现在保存于盖州苗圃的银×榆大树，有一株曾受到金花虫危害。

3 银×榆亲本及子代的AFLP标记

3.1 材料和方法

2004年春，我们选择试验材料共计10个样本，其中银×榆4个无性系（采自营口盖州杨树研究所圃地），银白杨2个无性系（1个采自营口熊岳果树研究所植物园，1个采自北京），白榆4个无性系（3个采自营口熊岳果树研究所植物园，1个采自北京）。在北京采的样本作为对照。

3.1.1 模板DNA的制备及AFLP反应

试验在北京林业大学遗传育种实验室进行，采用AFLP（Amplified Fragments Length Polymorphism，即扩增片段长度多态性）方法进行DNA标记。利用SDS方法提取DNA。试验所选用的接头和引物由上海生工生物工程技术服务公司合成。试验步骤基本按照VOSP的方法，并略作改动。

3.1.2 数据处理

谱带统计时将具有相同迁移率的扩增片段，按0/1系统纪录，有带记为1，无带记为0，并参照标准Marker带估计扩增片段的大小。利用DCFA1.1软件和POPGENE1.32软件对数据进行处理，并采用Nei的遗传一致度I进行非加权算术平均聚类分析（UPGMA）。

3.2　亲本与子代的 AFLP 标记分析结果

3.2.1　遗传距离

表 7-1　试材遗传距离表

	北榆	辽榆 1	辽榆 3	辽榆 4	F 11	F 12	F 13	F 14	辽银	北银
北榆		0. 1357	0. 1484	0. 1646	0. 8499	0. 8572	0. 8538	0. 8498	0. 8706	0. 8672
辽榆 1	0. 1357		0. 0712	0. 1126	0. 8120	0. 8202	0. 8172	0. 8135	0. 8436	0. 8375
辽榆 3	0. 1484	0. 0712		0. 1193	0. 8342	0. 8412	0. 8367	0. 8342	0. 8582	0. 8460
辽榆 4	0. 1646	0. 1126	0. 1193		0. 8001	0. 8084	0. 8041	0. 8030	0. 8335	0. 8230
F 11	0. 8499	0. 8120	0. 8342	0. 8001		0. 0111	0. 0147	0. 0244	0. 2426	0. 2537
F 12	0. 8572	0. 8202	0. 8412	0. 8084	0. 0111		0. 0073	0. 0147	0. 2343	0. 2466
F 13	0. 8538	0. 8172	0. 8367	0. 8041	0. 0147	0. 0073		0. 0134	0. 2370	0. 2467
F 14	0. 8498	0. 8135	0. 8342	0. 8030	0. 0244	0. 0147	0. 0134		0. 2261	0. 2397
辽银	0. 8706	0. 8436	0. 8582	0. 8335	0. 2426	0. 2343	0. 2370	0. 2261		0. 0854
北银	0. 8672	0. 8375	0. 8460	0. 8230	0. 2537	0. 2466	0. 2467	0. 2397	0. 0854	

注：北榆是在北京所采榆树；辽榆是辽宁杨树研究所提供榆树；F 11 ~ F 14是银 × 榆的 4 个子代；辽银是辽宁杨树所提供的银白杨；北银是采自北京植物园的银白杨

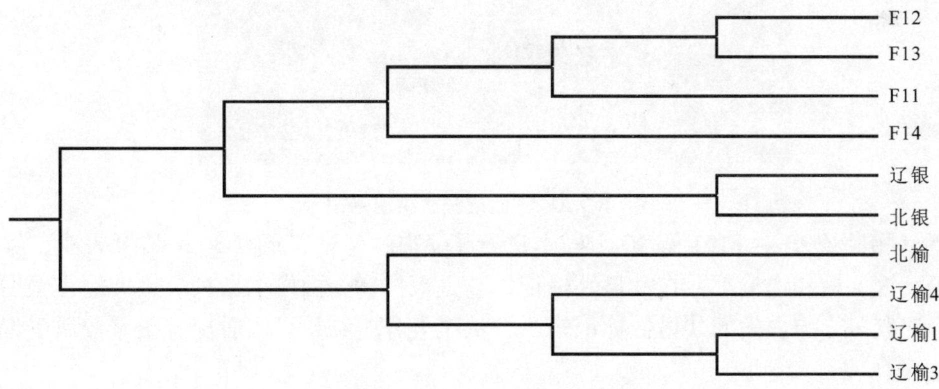

图 7-2　10 种试材聚类图

3.2.2　聚类图（UPGMA 法聚类结果）

3.2.3　条带分布情况

筛选了 20 对引物进行了 AFLP 分析，共得到 2040 个 AFLP 标记，其中 1470 条带为多态性带，多态带百分率为 72. 06% 。引物及条带分布如表 7-2。

表 7-2　引物及条带分布表

引　物	总带数	差异带数	引 物	总带数	差异带数
E48/M33	94	61	E60/M63	128	75
E60/M33	100	77	E44/M63	153	119
E65/M60	94	70	E65/M40	145	113
E44/M60	92	87	E33/M47	78	70
E63/M44	54	38	E34/M47	115	98
E44/M44	72	34	E65/M31	110	65
E44/M31	98	52	E33/M60	104	78
E34/M60	106	84	E63/M47	78	62
E60/M46	144	106	E44/M47	64	45
E34/M46	141	84	E65/M47	70	55

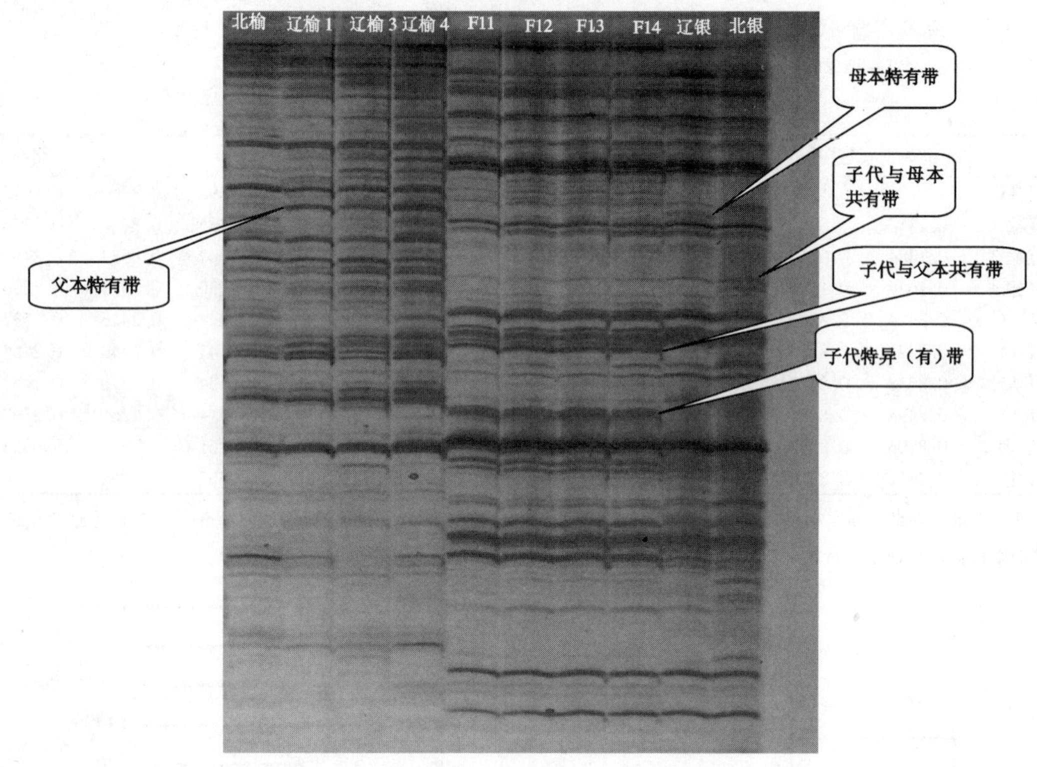

图7-3 AFLP 标记法试材谱带图

用20对引物组合对F101等10个样本进行了AFLP标记（图7-3），结果表明，银×榆和银白杨、银×榆和白榆都存在共显性标记，它是银白杨与白榆的杂种。银×榆与银白杨的共显性标记较多，与白榆的共显性标记较少，从聚类分析结果可以看出，银×榆属于偏母本类型的杂种。

四、杨树杂交育种的收获

1 杂交育种的几个技术问题

杨树杂交的一般技术方法不再敷述，仅就在工作中体会较深且有所改进的几个技术问题概述如下。

1.1 枝条的采集与培养

供切枝水培的雌花枝要比较粗壮，通常以3～5cm粗为好，花枝要培养在通气性良好的不上釉的瓦罐中，每天用皮囊球注水2次以上补充氧气。温室温度白天保持15～18℃，晚间不低于10℃，相对空气湿度保持60%～80%，阴雨天和晚上，开灯增加光照，每隔1～5天换水一次，可依水是否清洁、枝条切面有无粘液或腐烂灵活掌握。我们用这种方法培育雌花枝收到良好效果，落果和种子不饱满现象明显减轻。

1.2 花期的调节和授粉

用新鲜花粉及时授粉有助于杂交的成功。尤其在可配性差的某些组合或远缘杂交上更为重要。因此，在进行室内杂交时，要首先了解各种杨树雌雄花枝放入温室内的开花期，然后有计划的分期分批的培养花枝，调节好父母本的开花期，以利及时授粉，只要授粉时期掌握准，通常一次授粉就可获得良好的效果。

1.3　杂交种子播种育苗方法

杂交种子采收后，一般播种于温室内的木箱中，待长出 3 ~ 4 个真叶后，再移于田中。1965 年，我们试用了播种苗的芽苗移栽法取得了成功。其具体做法是：将种子浸水后点播于沙盘中，保持湿润状态，2 ~ 3 天待子叶从种壳中脱出，根长 0.5 ~ 1cm 时拿到大田移栽，移栽前沙田和垄面均要灌透水；首先在垄面用小刀撬个缝，将芽苗用镊子轻轻取出放入缝中，再用小刀将缝隙挤实，滴上水使芽苗根部与土壤密接；移苗的深度为根基向上 0.2 ~ 0.3cm，防止芽苗下陷或地上部过高，移栽初期一直使土壤湿润。

1.4　室外杂交和建立嫁接母树园

室外的大树杂交是将采集的雄株花粉直接授入开花的雌株上，因脱离了温室人工培养在自然条件下授粉，所获种子饱满，播种成活率高，但往往选用的亲本树不在本地，又要搭架高空作业，造成不便。为克服上述困难，可采用嫁接的办法来解决，具体做法是从事先预选好的母树上采回带有花芽的枝条，劈接在树冠底层枝上，开花后即可在矮化了的嫁接树上再授粉。嫁接成活了的母树构成母树园，可以多年开花连续利用。

1.5　大树人工授粉与室内切枝水培相结合

这种方法是把大树杂交可获得饱满优质种子和室内切枝水培操作方便优点的综合。即首先进行大树人工控制授粉，待种子即将成熟时将其枝条切下，放入室内水培。这样既可解决切枝水培杂交后期落果且种子不成熟问题，又能解决大树杂交种子成熟不易采种的问题。

2　杨树杂交育种的几个理论问题

2.1 育种目标

制定育种目标是搞好育种工作的基础。即使像杨树这样栽培性强的树种也必须在某种程度的自然条件下，在竞争中生长。因此，考虑育种目标不能脱离当地的经济、社会、自然、生态条件，要着重从生态学、适应性上加以研究；同时要重点突出、主次分明，根据不同地区状况，在选育以速生为主的速生（长得快，短期成材）、优质（干形好，材质优良）、抗逆性强（抗寒、耐旱、耐瘠薄、抗病虫、耐盐碱等）这一基本目标前提下各地应有所侧重。

根据辽宁省的具体情况，所制定的育种目标大体应是：

（1）辽河下游低地平原区和南部、西南部环渤海地区。气候温和，雨量充沛，河流密集，经济发达，应以培育速生工业用材林为主要目标，要以速生的美洲黑杨或欧美杨为主要亲本。

（2）辽北低丘平原区和西北部地区。气候寒冷，土质贫瘠，春季多风沙，应培育抗寒抗风沙耐瘠薄土壤，适宜营造防护林为主的较速生品种为目标，亲本选择上要考虑某些具有抗逆性强的青杨派乡土优良品种。

（3）西部丘陵干旱区。气候干旱，降雨量少，蒸发量大，温差大，无霜期短，经济落后。在培育目标上，首先要考虑抗干旱、适应性强、综合性状优良等因素，亲本应着重选取欧洲黑杨、小钻类等树种。

（4）盘锦沿海盐土区等滨海盐土地带，以营造海防林、渠道防护林为主。育种目标以培育耐盐、耐水湿，能在含盐量 0.3% 以上的土壤上生长正常且综合性状表现优良的品种。

亲本以白杨派、胡杨派为主。

2.2 杂交亲本的可配性和配合力

总结分析历年所做的大量组合可看出，杨树各派内、派间的杂交可配性以及杂种后代的生长表现，即配合力是很不同的。

就派内而言，白杨派内种间杂交，一般可配性高，配合力也较好。如银×新、银×山、山×新等都是较好的组合。青杨派内种间杂交，可配性最高，但配合力一般不好，如此众多的青杨派种内杂交，至今未选育出表现好的品种就是个证明。黑杨派内种间杂交一般可配性高，配合力也好，美洲黑杨之间的杂种形态分化类型少，生长量大，超亲优势强，可选育出优良无性系；欧美杨之间的杂种类型分化多，生长量小，超亲优势很小或负值，选择性较差；美洲黑杨与欧美杨之间的杂交种类型分化、超亲优势介于上述两者之间，生长量大，也可选择良好的无性系。

就派间而言，黑杨派与青杨派一般可配性很高，配合力也好；黑杨派与白杨派一般可配性较低，配合力也差；青杨派与白杨派的配合力与可配性略高于黑杨派与白杨派，如小叶杨×毛白杨、小叶杨×山杨等较少表现尚好的组合；胡杨派与其他派杂交属远缘杂交，因而可配性和配合力都很差，只有采取克服远缘杂交不孕性措施，才能有望获得杂种苗。

为此，在选配组合时要考虑亲本之间的可配性和配合力问题。应选取那些可配性高、配合力又好的亲本组合，除非特殊目的，最好不选取可配性和配合力差的亲本进行组合。

2.3 亲本选配原则

正确选配亲本是杂交育种的关键。在我们从事杂交育种的前期，由于对亲本材料研究不够，加之当时国内某些品种资源匮乏，杂交的盲目性较大，虽然做了大批量的杂交，但选育的优良品种却不多，这就证明并非任何两个亲本杂交后代都能得到理想的重组类型，只有遵循生物规律，掌握亲本选配原则，才能有望获得良好的杂种优势。在林业研究中，对于亲子遗传系数、基因频率、遗传效应及数量遗传性状的遗传距离等方面的研究还比较困难。在此我们仅提出几点看法，共同探讨。

（1）选育亲本要依据改良目标而定，若以速生为主要目标，两个亲本均要速生或亲本之一必须速生；若以抗寒为目标，亲本之中必须有耐寒品种等。

（2）亲本间特征特性要互补。这样杂交以后，由于遗传因子的重新分配，结合两亲本优点于一体的机率就大，容易培育出集父母双亲突出优点的好品种。切忌使用都有严重缺点的树种作为杂交亲本，这样两亲本性状互补的基础不好，就很难选出综合性太好的品种。

（3）亲本间的互作与配合。杂交后代的表现常取决于亲本间基因效应的互作与亲本配合力效应。如意大利在黑杨派的多年杂交中测试结果认为 *P. deltoides* × *P. nigra* 效果好，反过来 *P. nigra* × *P. deltoides* 效果就不好；*P. deltoides* × *P. canadensis* 效果好，而 *P. nigra* × *P. canadensis* 效果就不好。

（4）生态型或地理远距离。这是个生态异质性问题，一般说来亲本之间异质性大，容易获得较大的杂种优势。矛盾是事物发展的动力，但亲本间并不是差异越大越好，如用产于南方的小叶杨就不如产于北方的小叶杨更容易培育出耐盐品种。

（5）遗传传递力。通过大量组合分析，杨树的速生性状、分枝习性、干形对干旱、病虫害的抵抗性等性状是遗传的，有些品种遗传性状的传递力是很强的，如小叶杨、小青杨为亲本之一的许多组合 F_1 代幼龄期具有侧枝多的性状；钻天杨、箭杆杨、新疆杨的塔形树冠；

银白杨为亲本的 F_1 代对透翅蛾的易感性；美洲黑杨为亲本的 F_1 代大部分表现速生、抗病；小钻杨的抗干旱耐瘠薄能力等。

综上所述，亲本选配的原则可以简述如下：为要获得优良的杂交效果，选配亲本时要考虑亲本的可配性和遗传传递力，在此基础上选取优点突出，性状可以互补，最好是生态型不同或地理有一定远距离的两个亲本进行杂交。

2.4　杨树无性系杂交育种程序

无性系育种对杂种起源的多年生植物是很适用的，它能为杂种优势的利用提供最大的可能性。其先决条件是该树种能够经济有效地无性繁殖。因为杂种之所以能比它的亲本优越，是显性、超显性和加性遗传效应共同作用的结果，通过有性繁殖不可能把这些优势全部保存并得以利用。

首先根据育种目的，选配了不同种类的杂交组合，实行人工控制授粉，以人工杂种为基础，按以下程序进行了无性系育种工作。图 7-4 为杨树无性系育种程序。无性系育种工作大致可按以下 6 个步骤进行：

（1）获得种子或种植材料；

（2）生产适合的插穗，对遗传力高的性状进行某些苗期选择；

（3）无性系预备试验，对 2 ~ 3 年生幼林作试验性的初步选择；

（4）在 3 个以上地点同时进行区域试验，做杂种生境或基因型 × 环境交互作用的测定；

（5）对树龄超过伐期 1/2 以上的试验林，严格评价选择的无性系，包括表型适应性分析和遗传稳定性分析，生长、干形、抗逆性和材性等性状测定；

（6）通过评选、鉴定，大量繁殖中选无性系用于造林。

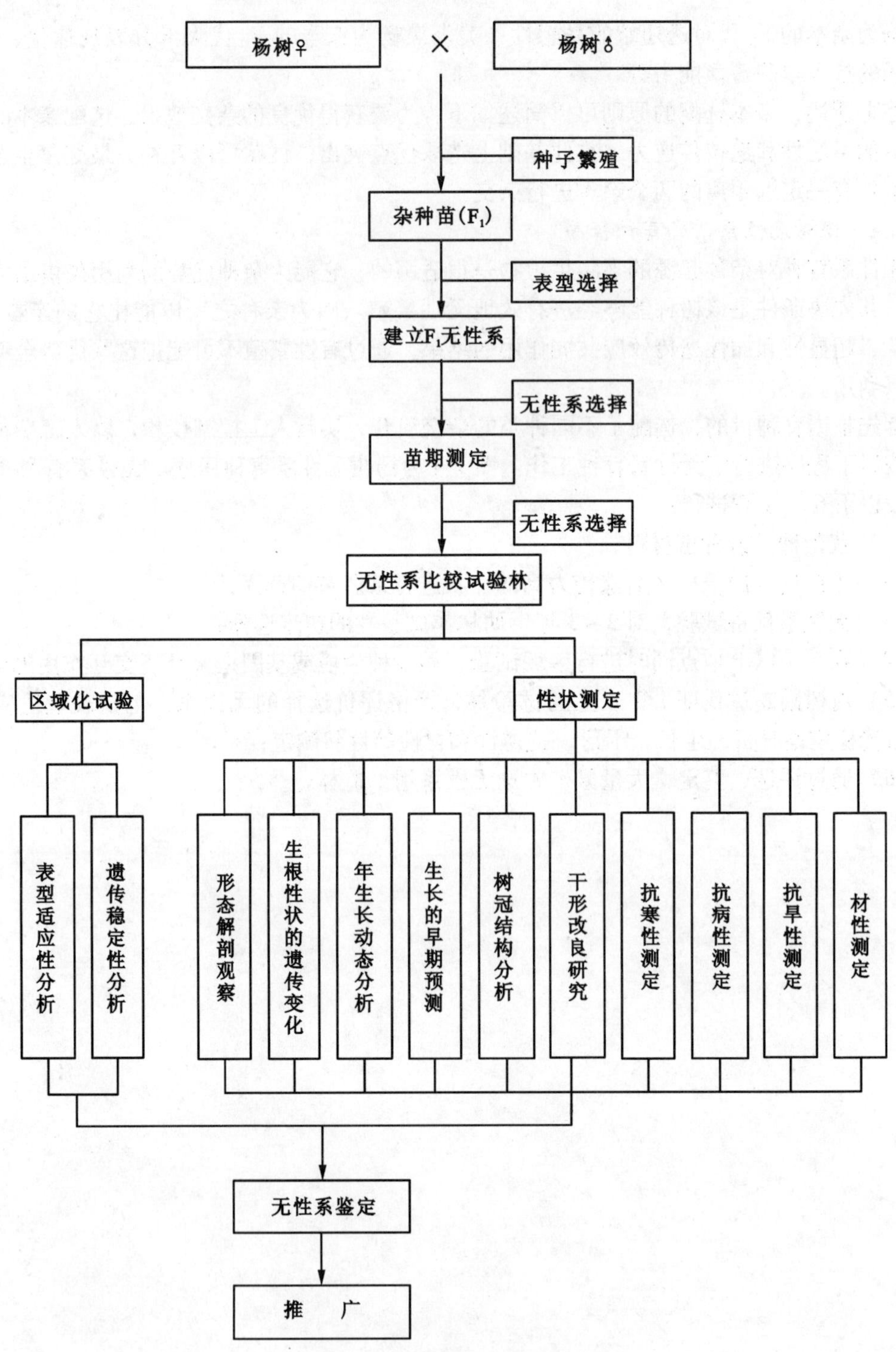

图7-4 杨树无性系育种程序

第8章　杨树生物技术育种

一、杨树生物技术育种新发展

育种的任务就是发展遗传重组技术，常规育种是通过杂交技术实现遗传基因重组。随着生物科学的发展，已由常规杂交育种发展到遗传工程育种。遗传工程的内容主要包括细胞工程和基因工程。中国的杨树遗传工程育种始于1970年，现在已有较快的发展。

1　细胞工程育种

植物细胞工程是指在细胞水平上，对植物进行遗传操作的生物技术。通过研究离体条件下再生群体的遗传稳定性和变异性，可以筛选育种目标需要的类型，直接创造新的品种和杂交或基因工程关键中间材料。

辽宁的杨树细胞工程育种开始的比较早。1973年辽宁省杨树研究所在国内首先开展了杨树花药培养为基础的杨树单倍体育种。至1978年，先后从13种杨树花药的离体培养中获得了愈伤组织，获得了欧洲黑杨、健杨、小黑杨、小钻杨、加×钻杨、银×小的完整植株。研究过程中进行了大量培养基配方的研究，其中基本培养基H、MS+2，4-D+BAP，或添加硼、锰、IAA、NAA、K等都能诱导愈伤组织，其中花药愈伤组织的诱导率平均为12%，愈伤组织分化植株的频率为6.7%。花粉处理主要采用Co60γ射线照射来诱导，最后通过铁矾-苏木精根尖染色法进行镜检，染色体数目为19个左右，证明有些花粉诱导植株是单倍体。

到1981年，省杨树研究所已有一定数量1~6年生花粉植株，其中5年生小黑杨花粉植株高8.7m，胸径13cm，生长良好。但检查小黑杨花粉植株体细胞染色体时，发现它们都是混倍体，即同一株体细胞有单倍的（n=19），也有二倍的（2n=38），以及1~2倍体之间的大量非整倍体，而生长快的植株多是体细胞染色体数目为二倍体和非整倍体。由杨树花药培养诱导产生的花粉植株，受花粉粒的基因型差异和来自不同愈伤组织分化的影响，产生了不同的表现型，而且有些差异像生长量等方面表现十分明显。当时的研究结论是应进一步考虑人工染色体加倍的技术，选育纯合的二倍体用于杂交育种，同时对花粉植株进行单株选择，加快倍性育种的理论和应用研究。但是最终没有继续深入下去。

继杨树单倍体育种研究之后，省杨树研究所于1982年开始了“从细胞筛选生产耐盐杨树”的研究。采用细胞筛选法，获得了耐6~14g/L NaCl浓度的杨树耐盐细胞系，并产生了完整植株，耐盐植株耐盐能力最高可达19.2g/L NaCl浓度，而对照只能耐受3~6g/L NaCl浓度，为杨树育种增添了一种以新理论、新技术为基础的新方法。

经过3年的实验证明：第一，各杨树无性系耐盐植株产生于耐盐的细胞系，其他细胞系不能单独分化耐盐的完整植株，比如，辽河9起源于8个细胞系，而得到的69株耐盐植株都是从分化能力最强的232号细胞起源的；第二，愈伤组织培养时间在1年以上的分化率高，在10～14g/L的压力下，发生频率为15.9%～86.7%；第三，耐盐变异可以通过芽梢的试管繁殖传递。

为了检验耐盐细胞系在遗传上的可靠性，通过其中部分过氧化物同工酶酶谱分析表明，耐盐细胞系、耐盐细胞系转入正常不加盐培养基及对照都有不同谱带，说明它们之间有差异。

1985年辽河9、辽河16、I－45杨等耐盐的植株已经移入大田，且生长良好。

当时由于细胞工程技术起步不长时间，在林业上基本还未应用，从细胞筛选产生耐盐杨树的研究具有开拓性意义。

2 基因工程育种

基因工程是指在分子水平上对植物进行遗传操作的生物技术。自从发现土壤里的农杆菌寄生在杨树及其他植物上的冠瘿瘤中分离的质粒作为载体，可将特定的基因整合到寄生植物的细胞染色体DNA中以后，为杨树遗传转化提供了新的展望，杨树转基因育种也就开始了。目前国内的杨树转基因品种已在生产中获得应用。

转基因工程育种方法很多，如农杆菌介导法、基因枪转化法、聚乙二醇（PEG）介导法、电激法、显微注射法、花粉管通道法、激光微束转化法等。杨树转基因工程育种主要是借助农杆菌介导转基因的方法。成功的基因转化要依赖于良好的植物受体系统的建立。要建立一个高效、稳定、并能接受外源DNA整合及对抗生素敏感的再生系统和科学的转基因育种程序。这一高新技术的遗传操作十分复杂。目前辽宁的杨树转基因工程育种尚未起步，主要是还不具有转基因育种的必备条件。

3 实现常规育种和生物技术育种手段相结合，创新辽宁杨树新品种

辽宁的生态条件比较复杂，寒冷、半干旱地区面积很大，土壤贫瘠、风沙干旱、盐碱地等立地条件恶劣的地段分布很广。生长在这些地方的杨树多为低产林，甚至于成为“小老树”，其经济效益、生态效益和社会效益都很低，严重地影响了完备的森林生态体系建设和发达的林业产业建设。要想从根本上解决问题，就必须培育出耐寒冷、耐干旱、耐瘠薄、抗盐碱、抗病虫而又速生的杨树新品种，才能从根本上扭转局面。

培育这样的杨树良种的途径就是充分利用小叶杨、小青杨、胡杨等优良的乡土树种基因资源，引进优良速生的黑杨派基因资源，采取有性杂交等常规的育种手段，与高新生物技术育种手段相结合，培育辽宁省杨树新品种。

二、杨树单倍体育种

自1964年Guha从毛叶曼陀罗（*Datura innoxia*）花药培养离体中通过花粉胚胎发生途径，首次获得花粉单倍体植株之后，至80年代初，许多国家曾出现花药培养研究热。花药培养之所以备受人们关注，不仅可用于离体花粉母细胞减数分裂染色体行为及小孢子形态建成研究，更主要可以作为有效的单倍体育种技术，对认识基因剂量效应、核质关系、基因与环境互作、数量性状遗传等遗传进化方面有重要理论意义，并且可以利用单倍体植物特点，加快育种速度，提高选择效率，直接运用于育种实践。

1　花药培养单倍体育种

1973 年辽宁省杨树研究所李驹率先以胡杨（*Populus euphratica*）、欧洲黑杨（*P. nigra*）、健杨（*P.* × *canadensis*‘Robusta’）为材料开展杨树的花药培养研究，同年获得了花粉愈伤组织并且出现器官分化（根的分化），年底获得两株胡杨白化苗。中国科学院植物研究所王敬驹于 1975 年从欧洲黑杨花药培养中首次获得杨树完整花粉植株（王敬驹，1975），之后黑龙江林业科学研究院、东北林学院、中国林业科学研究院、新疆林业科学研究所相继开展了杨树花药培养研究，共有 4 种 10 杂种先后获得花粉植株。虽然中国较早的开展了杨树花药培养，但其培养技术并不成熟，比如花粉愈伤组织诱导率还比较低，抑制花药体细胞愈伤组织形成还不成熟，通过花粉培养或胚胎发生途径获得花粉植株根本没有进行任何尝试，而真正进行田间研究的基本只有小黑杨（*P. simonii* × *P. nigra*）杂种花粉植株。80 年代之后主要对小黑杨花粉植株倍性、育性及叶形、生长、抗寒性等性状变异进行了初步观察。开花后杨树花粉植株全是雄株，杨树花粉植株 10 多年的持续研究基本停滞，没有取得理想结果。近年分子育种的兴起，单倍体细胞在基因工程、遗传图谱构建、突变体筛选及基因标记有其特殊的优越性，因此单倍体育种有可能重新受到人们重视。

2　花药培养技术

花药培养属于器官培养，取材方便、花粉易培养成活，所以人们在诱导花粉植株时多采用之。用作花药培养的亲本基因型、生理状态及花粉发育时期，以及培养条件、环境、方法都会影响花粉植株的诱导。

杨树花药培养过程中花粉离体形态建成以器官发生为主，即经过愈伤组织产生、器官分化、完整植株获得 3 个阶段。国内外多采用 MS 或其改良培养基 BN6% 蔗糖，KT（0.1 ~ 2mg/L）与 2，4 - D（0.1 ~ 2mg/L）结合对处于单核期花粉进行愈伤组织诱导，通常产生两类愈伤组织，15 天后产生的致密粗糙型较易分化；器官分化与完整植株获得，在激素作用、分化表现等方面与体细胞愈伤组织培养规律基本相同，NAA 作用的愈伤组织分化率较高，BA 对芽分化能力优于 KT；先根后芽诱导较困难，先芽后根获得完整植株较易，根芽可同时分化。

了解花药培养过程中小孢子的发育状态和方向，对我们控制其分化研究是非常有利的。杨树为无限葇荑花序，花粉母细胞减数分裂为同时型，形成四分体小孢子发育很快，即四分体小孢子时期、单核前中后各时期较短，选择发育较一致时期的花粉较困难。花序基部是单核晚期，中上部可能处于单核中期和四分体时期，愈接近自然花期的花药，花粉愈伤组织诱导率愈高，这可能与花药生理状况有关。花粉愈伤组织的诱导以单核期为佳，四分体及成熟花粉也是可以诱导的，只是诱导率相对较低。不同材料有一定差异，加 × 钻单核前期效果为好，付杂一号（*P. simonii* × *P. nigra* var. *italica*）以单核后期为佳。一般 15 天后愈伤组织在花药的中间裂缝（花药纵裂）或两端开始伸出，30 ~ 40 天大量愈伤组织形成。

3　花粉植株细胞学观察及性状表现

杨树体细胞染色体为 38 条（2n = 2X = 38），单倍体细胞染色体数为 19 条（n = X = 19）。由于实验条件及技术限制，再加上杨树染色体小、数量多，所以通常对花药培养再生植株染色体数目进行分类统计。所有花粉植株基本都是混倍体，即不同个体之间以及同一植株不同时期，不同倍性的细胞所占比例是不相同的（图 8-1）。76 - 762 - 1 花粉愈伤组织起源的花粉植株 16 - 22 条染色体细胞占总观察细胞 8%，23 ~ 39 条占 20%，30 ~ 38 条占 64%，42 条占 8%；另外不同愈伤起源小黑杨优良花粉植株，染色体数所占比例也不一致；即使同一愈伤起源的，如 76 - 271 - 1，2 号各级细胞所占比例也不完全一致。随着树龄的增长，单倍体细胞减少，二倍体细胞比例增加，自然加倍前期快后期慢，开花期时（7 ~ 8 年）基本都成为二倍体（陆志华，1985；刘玉喜，1986），见图 8-2。刚获得试管花粉再生植株以单倍体细胞为主，以刚移植前的小黑杨花粉植株为例，其单倍体细胞平均占 87. 98%，而二倍体非整倍体分别只占 5. 23% 和 6. 79%，进入田间生长后，出现二倍及多倍或非整倍嵌合体。离体条件比自然条件下可能更易控制单倍性，多次扦插繁殖能加速二倍体调整进程及提早开花年龄。花粉植株的生长状态与染色体加倍程度有一定相关性，二倍体比例高的植株生长较快。与原始杂交亲本相近的花粉植株，染色体加倍可能快。愈伤组织器官发生途径本身受亲本及培养条件等影响，易导致染色体数变化以及生长、干形、分枝等性状变异（Lester，1977），所以对获得的单倍体植株仅仅进行细胞学染色体数观察是不够的，细胞学观察只能判断其倍性，而不能鉴定其来源，所以一般需要采用已知遗传控制的等位酶或共显性分子标记进行来源鉴定。通常认为有丝分裂异常能产生混倍体，但其机理及变化规律并不了解，杨树细胞遗传学研究有待加强。

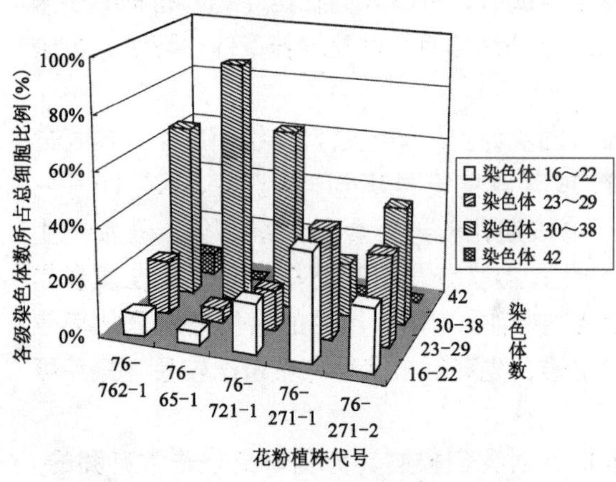

图 8-1 5 年生小黑杨优良花粉植株细胞学观察

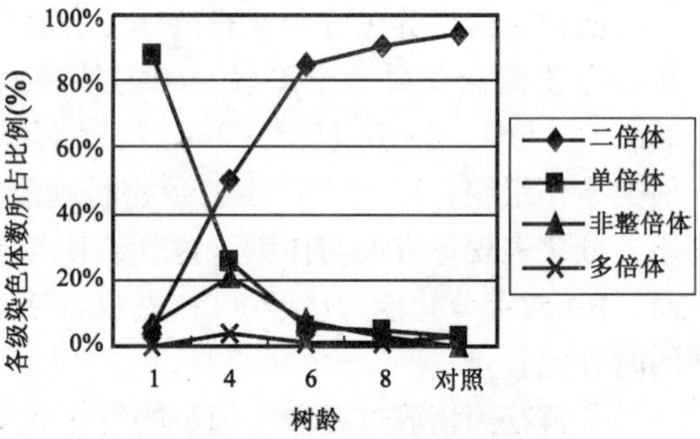

图 8-2 小黑杨花粉植株生长过程染色体数变化

当代花粉植株存在多样性，这为我们选择育种提供了基础，然而缺少对杨树性状遗传规律的了解，又限制了对其的利用。同一花粉起源的愈伤诱导植株，形态变化较一致；混合花粉愈伤起源，将有明显差异。尽管花粉植株叶型有很大变异，但随着年龄增加，变异不稳定。树种本身叶型变化大，长枝、短枝及萌枝叶差异较大，受环境影响也比较大，甚至同类枝叶各种叶型都可能出现，见图 8-3。优良小黑杨花粉植株其生长节律及生长量与亲本较为一致，并且仍然具有二倍体杨树无性繁殖的特性。研究小黑杨花粉植株生长性状时认为花粉植株 2 ~ 3 年生长趋势基本确定，4 年生时生长性状已基本稳定，3 ~ 4 年可进行早期选择。

诱导的花粉植株全是雄株，如果性别决定与胞质有关，雌配子体单倍体就应具有雌株花粉植株。杨树孤雌生殖单倍体诱导研究较孤雄生殖诱导研究更早，至今也没有观察到雌株的

图 8-3　12 年生青杨（*P. cathayana*）雄株长枝叶叶型

报道。杨树单倍体育种虽然在 70 年代末到 80 年代初出现花药培养研究热潮，花粉植株的性别决定使其研究基本停滞。

三、杨树耐盐体细胞变异体离体筛选

利用离体培养技术进行植物耐盐变异体筛选始于 70 年代初，到 80 年代末研究的作物种类已近 40 种。对木本植物进行离体耐盐变异体研究起步较晚，李驹（1983）首次以 I-45 杨（*Populus* ×*canadensis*‘I-45’）和小胡杨胡杨类型无性系辽河 26（（*P. simonii* × *P. euphratica*）× *P. euphratica*）及小叶杨类型无性系辽河 16、19、9（（*P. simonii* × *P. euphratica*）× *P. canadensis*）茎段为材料，通过愈伤组织途径采用直接一步法，获得了 0.6% 和 1.0% NaCl 耐盐细胞系（突变扇形体形成的愈伤组织），并在含 0.6% NaCl 培养中获得辽河 19 耐盐完整植株。次年采用间接多步选择法，在 0.6% ~1.4% NaCl 培养基中获得耐盐细胞系，并获得耐盐完整植株。通过对再生的耐盐植株田间性状观察表明，高浓度 NaCl 下获得的耐盐植株（超过 1.0%），性状出现负向变异（较野生型差），比如干形呈匍匐状，为突破这一难题，以辽河 9 和 I-45 杨为材料，辅以匀浆法，进行高 NaCl 浓度下耐盐、抗病双抗变异体筛选研究，并成功获得完整再生植株。

1　材料及选择剂选择

杨属树种较作物而言，耐盐性较低，基本都低于 $5mS/m^{-1}$，主要集中于 $3mS/m^{-1}$ 以下，黑杨组杨树耐盐性在 $1mS/m^{-1}$ 以下。尽管不同研究者对同一树种或无性系耐盐能力有不同的报道，但不同种或不同品种（无性系）间耐盐性是存在明显差异的。耐盐筛选材料选择主要考虑速生性和本身耐盐特性，中国的乡土杨树树种在这方面似乎更有优势。胡杨是杨属中最为耐盐的树种，由于树木耐盐力高低不仅与土壤盐分含量、种类、时空变化以及立地条件、气象因子等有关，而且与树种发育阶段有关（王东健，1998），直接引种在实践中是行不通的，这也说明当前的耐盐评价体系与实践脱节。不同盐类对不同树种或品种的危害程度是不是也不一致，换句话说不同基因型耐盐性应具有选择性。理想的选择剂应当是目的土壤内含有的对特定基因型最为敏感的盐或离子，或其比例混合盐。材料选择和选择剂选择正确与否，关系到筛选的无性系将来能否在实践中推广。

2 离体再生体系建立及离体条件下耐盐阈值测定

耐盐变异体筛选一般需建立高效的愈伤组织的完整植株再生体系，作为耐盐变异体筛选对照体系，以确定无诱变剂或选择剂条件下变异率。杨树愈伤组织器官发生途径研究最早，相对其他树种来说，技术上也是最为成熟的，当然，不同基因型难易程度有差异。离体耐盐筛选技术理论基础是建立在体细胞变异基础之上的，对杨树体细胞无性系变异的了解，对提高耐盐变异体筛选有一定指导意义。杨树离体条件下，经过愈伤组织阶段的再生植株，形态变异频率最高，硬枝扦插与茎尖培养最低（Ostry，1994），所以耐盐变异体筛选多选用愈伤组织途径。愈伤组织产生到分化需 2～3 周可分为 3 个阶段，即启动期、增殖期及形态建成期（分化期）。通过研究表明，增殖期和分化期进行筛选都可产生变异体，其中分化期更有效，筛选阶段确定之后，需确定其相对的耐盐阈值，田间的测定结果通常与组织培养鉴定结果不一致，后者偏高。小胡杨及 I-45 组织鉴定表明各阶段 NaCl 耐受界限为 0.6%，许多研究者起始耐盐阈值确定依据很不清楚。过低会增加细胞的生理性适应，过高难取得耐盐变异体。

3 耐盐变异体筛选（耐盐细胞系或耐盐再生植株）

耐盐变异体筛选按变异来源可以分为两大类：利用离体培养过程产生的变异直接选择剂法和诱变剂选择剂结合法。按选择剂添加方式，可以分为直接一步法和间接多步法。直接一步法是指将诱导材料直接置于含有选择剂限界浓度上，筛选耐盐变异体，这种方法的优点可减少生理适应细胞产生。为获得更高浓度选择剂条件下的变异体，在耐盐阈值基础按一定梯度渐增加其浓度，为间接多步法，通常在有盐无盐培养基中交替选择，无盐培养主要起恢复选择作用，此法可建立系统树选出不同级别的耐盐系。

除了离体培养过程中培养阶段对变异体筛选有明显影响外，愈伤组织培养时间或继代次数（龄）对耐盐变异体筛选也有较大影响，1.0% NaCl 浓度下，辽河 9 和 I-45 杨在 5 个月时变异率为 0，11 个月时分别为 15.9% 和 86.7%。在作物耐盐变异体筛选中，变异频率高低与品种耐盐性有关，高者变异率高，低者变异率低，杨树中没有发现存在这种相关性。获得的变异体（愈伤组织）分化能力下降，如辽河 16 获得 124 个变异体，仅 837 号和 2439 号分化出再生植株（李驹，1984），高浓度选择剂条件下培养条件甚至需要改变。

4 再生植株的稳定性分析及耐盐性测定

由于基因表达或调控存在时空性，细胞水平和植株水平基因表达是不一致的，也就是说在细胞培养物中看见的变异事件在其植株上不一定发生，所以必须对再生植株进行耐盐稳定性分析和耐盐性测定，才能取得令人信服的证据。稳定性分析通常采用组织培养法进行，利用离体茎段扦插方法对 S_2（stem cutting from primary regenerants）代进行耐盐分析，离体培养中常出现获得性遗传现象，所以采用二级愈伤组织（secondary callus）耐盐性测定可辅以说明。

试管苗耐盐稳定性只能说明离体培养的特定条件下，耐盐是稳定地取得了突变体。环境条件的改变、发育阶段的变化都会影响植株的耐盐性，所以对获得的耐盐植株不仅需要进一步筛选，仍需采用盆栽和田间栽培试验对其进行耐盐性测定。

中国杨树耐盐变异研究起步较早，先后进行过研究的种、杂种或无性系 20 多个，然而至今为止还没有经田间试验选育耐盐无性系的成功报道。李驹在对获得的耐盐植株进行性状观察时，发现高浓度下分化的植株苗期性状负向变异，选育的无性系失去了原无性系的部分优良性状，其他的研究者还没有这方面的报道。植物的耐盐机理是复杂的，多数人认为是数量性状遗传，也有的研究发现受主效应基因控制。当前对植物和盐相互作用机理不清楚甚至评价体系都不成熟，对离体培养过程的体细胞变异又缺乏了解，这样的大背景下，增加了进行耐盐变异体成功筛选的难度。现代分子生物技术的介入有可能对我们进行耐盐机理研究、突变体筛选、耐盐性测定、体细胞变异体鉴定提供有效的工具。

第9章 杨树基因资源保存和利用

一、杨树繁育中心

1 繁殖中心建立的意义

良种繁育中心是对科学鉴定的品种进行科学繁殖的场所，也是高效利用良种为生产所利用的一条最佳途径，主要表现在：

（1）品种经科学鉴定，繁殖人员对品种生物学、生态学习性有充分了解，遗传品质有保证，避免由于盲目引种和繁育给苗木市场带来的混乱。

（2）鉴定的品种经过区域品种筛选和中试等，可栽培的范围得以确定，可避免在生产上盲目造林带来的巨大损失。

（3）可建立科学的采穗圃等，有利于无性繁殖和复壮；可确保种条健壮，管理方便，而且种条产量高、成本低，在生产推广上也可保证质量和信誉。

（4）便于根据市场需求来生产苗木，避免盲目繁育给繁育者带来的不必要损失，同时，也便于苗木销后服务，提高造林的经营水平。

（5）便于科研和生产结合，一方面使科学培育的良种迅速在生产中发挥作用，另一方面，通过生产单位苗木使用情况的反馈，科研单位有目的进行相应研究，及时解决生产难题。

繁育中心的建立也有利于发挥科研单位资源的利用效率，比如可通过组培快繁、工厂化育苗等方式加快良种繁育步伐。

2 繁殖中心的建立

“没有可靠的基地，就没有可靠的良种”，这是科研和生产单位在实践中总结出来的。要充分发挥良种的效益，就应该建立杨树繁殖中心。这主要包括其地点的选择和基地的建设等内容。

地点选择应在杨树栽培的中心发展区域，交通方便，易于集约经营管理，劳动力和林业技术工人相对密集的地方等。

基地建设一般分以下几个内容：

（1）与杨树科研单位建立紧密联系，引进早期纯正良种，建立良种采穗圃，为科研和生产单位提供优良种条；

（2）利用鉴定和公认的良种在繁育圃根据市场需求进行大量繁殖，向生产单位等提供保质保量的壮苗；

（3）建立品种收集圃，保存各地良种繁育的原始材料，进行比较和观察；

（4）将收集圃表现较好的品系建立品种测定林，结合密度、修枝方式和抚育管理等技术，以样板林形式向生产单位和个体种植者展示品种特点和造林技术等。

二、杨树种质资源保存圃

1　种质资源保存圃建立的意义

随着人们对林业经济效益的逐步重视，追求速生、高产为主要目的的造林促进了引进和杂交新品种的增多，确实给生产上带来了很好的效益，但同时也使一些品种被人为逐渐淘汰，许多乡土树种也面临严重威胁，像小叶杨、小钻杨、小青杨等在辽宁省都面临灭绝的危险，尤其这些品种大多带有良好的抗逆性基因，是抗寒、抗瘠薄、抗病虫害等杂交或利用其他方法繁殖应用的必要亲本和优良供体。另一方面，我们也从国内外引进许多新品系，经过对比林筛选后，入选的最佳品种被鉴定或推广，而其他绝大多数被淘汰，其中也淘汰了大量有用的基因资源，比如，有些品系虽然因为早期生长一般而没有入选，但可能更抗寒或抗病虫及适合造纸等，只有将它们都保存起来，才能被发现和长期利用，不仅如此，杨树良种基因保存圃的建立，还可以有许多功能或用途。

第一，为杨树杂交育种及定向培育提供大量可选择、可比较的亲本。而且方便、及时、准确、全面、易成功，这既可以在大树上进行人工授粉杂交，成为育种园，也可以提供多种多样的父本和母本进行室内离体水培杂交，同时也便于杂种后代与亲本比较进行一些遗传规律的研究。例如，各派之间亲合能力和杂交优势及 F_1 代分化规律，还有多品种无性系混合造林的稳定性，生物个体之间差异及集团优势等。

第二，为研究杨树抗逆性提供方便条件。大量的杨树品种在一起营造，通过在相同立地条件下对不同品种个体间抗病虫侵染能力强弱的测试，可总结不同杨树品种对病害或虫害抵抗程度的差异，同时为多无性系混合造林与单一品种造林抗病虫害能力比较进行研究。当然，基因库还具有杨树对比林相同的功能，可比较出生长量差异、生长节律及各品系间的生物学及生态学特性等，并可以建立档案，为育种和经营提供依据，集标本、育种、基因资源保护和试验、示范于一身等多项功能。

2　种质资源保存圃的营建

2.1　品种的选择和繁育

一方面根据气候、土壤和品种的适生范围，另一方面根据科研和生产上应用情况，现在多是以黑杨派（速生基因型）和青杨派（乡土基因型）作为主体部分，分美洲黑杨、欧洲黑杨及欧美杨、美洲黑杨与青杨、欧洲黑杨与青杨及欧美杨与青杨的杂交种、青杨派品种等几个小区，小区内同一品种不同无性系顺排。另一部分是白杨派及其杂种和少量胡杨派及远缘杂交种。种源在苗圃繁育时应保证纯度和健壮等。

2.2　场地的选择及设计

种质资源保存圃应选在气候条件、土壤及对杨树的适应性等都具有代表性的地方，且要选择交通便利、易于集约经营管理，并能较长期保存的地点。

应按研究目的分区分组设计，生长指标按随机抽样，株行距可按品种特性选择 4m×8m、5m×8m 等。种源在苗圃繁育用一年生根秋季造林，设有保护行和保护措施等。

3 辽宁省杨树种质资源保存圃进展

辽宁省杨树种质资源收集最早的是1916～1930年辽南熊岳农业试验场（现省果树研究所植物园），从国内外引进大量木本植物的同时，引进部分白杨派如银白杨、毛白杨；黑杨派如加拿大杨、钻天杨；青杨派如青杨、小青杨等数种杨树定植。

1963年省杨树试验站曾于试验圃地周边建杨树标本园一处，当时主要定植一些原种和部分杂种，包括小叶杨、小青杨、钻天杨、箭杆杨、还有胡杨等50余种，逐年进行观察测定，后因扩路被弃。

1973年在省林业厅的帮助下，省杨树研究所在铁岭市中固镇选地13.3hm^2，定植了当时引种、自然选优、杂交育种育成的包括白杨派、青杨派、黑杨派及派间杂种160个品种、无性系。并每隔2年定期对树高、胸径进行测定及物候期、干形、生长势的观察。后移交给铁岭市林业科学研究所管理。

1987～1998年省杨树研究所又曾在圃地内营造一处黑杨类品系资源收集圃。当时重点选取速生型的欧美杨和美洲黑杨。如沙兰杨、I-214杨、I-262杨、波兰15A、鲁克斯杨、马里兰德杨、施瓦氏健杨、密苏里三角杨、里普杨等20余种，占地1.0hm^2。

2001年省杨树所开始建立最大杨树种质资源保存圃，地址选在凌海市金城原种场，面积20.0hm^2。定植保存的主要品种有经鉴定推广的小胡杨、银×榆、辽宁杨、辽河杨、盖杨、辽育1、2号杨、沙兰杨、健杨、I-45/51杨、荷兰3930杨等。还从省内外引进了500余个品种或无性系，主要包括从中国林业科学研究院引进黑杨派（美洲黑杨和欧洲黑杨）与青杨派（大青杨、小叶杨和马氏杨）杂交种等300多个，如107杨、108杨、109杨、110杨、111杨、天演杨、中林46杨、中林299杨、中林95杨等；从黑龙江省引进的主要有银中杨、中绥4和12、N60、DN113、中黑防1和2号，拟青×山海关、黑林系列、山新杨系列和欧黑系列等无性系；从吉林省引进白林杨、白城杨、黄快杨、晚花杨、大青杨等。从内蒙古自治区引进斯大林、通林5号、哲林系列等无性系；从山东省引进窄冠黑杨、窄冠黑白杨、W141、T28等；另外还引进转基因抗虫杨（Bt，双抗）、陕3、陕4和毛白杨系列等。国外从意大利引进Cellina、Parma、Ongina、Eridano等10个最新无性系；从日本引进了马氏杨原种，马氏杨×美洲黑杨、美洲黑杨×马氏杨、马氏杨×纤毛杨、马氏杨×（毛果杨×美洲黑杨）、美洲黑杨等6大组合，83个新无性系。这些杨树品种或无性系大部分完成定植，并得以精心的抚育和管护。

第10章　杨树苗木繁育

一、辽宁杨树苗木繁育概况

新中国成立前，中国广大农村的杨树栽植，多采用天然实生苗或根蘖苗移栽造林，或用埋干、埋条等方法进行造林。通过杨树人工繁育苗木造林是不多见的。辽宁省也是如此，那时根本没有什么杨树苗圃。新中国成立后，随着“绿化祖国”任务的加大，才真正开展了杨树苗木繁育工作。

1　苗圃的性质、类型和规模

20世纪50年代，单纯培育杨树的苗圃只有杨树国营林场中才存在，这种场办杨树苗圃专门为本场造林提供苗木，一般都在综合苗木中设计有杨树苗培育区里进行。这期间的苗圃性质是国营的全民所有制苗圃。人民公社之后，公社和生产大队所办的社队苗圃大量涌现，特别是平原地区为了满足造林和绿化的需要，培育杨树的场所星罗棋布。这些社队办苗圃都是集体所有制的苗圃。育苗任务根据造林任务而定，由林业部门统一计划安排。造林面积和育苗面积的比例，基本上为100: 1，即计划造林100hm^2，就需有1hm^2的苗圃地。育出的苗木也由林业部门统一调拨，按计划分配到造林单位。农村经济体制改革之后，实行联产承包制，非公有制苗圃逐渐增多，苗木培育也由计划生产逐步转为市场调节，苗圃的规模大小不等。进入21世纪出现了非常时期，涌现了不少育苗大户和育苗公司，有的公司集中连片的租赁几个村的土地，培育杨树苗木多达200 hm^2。最高年份全省杨树育苗总面积竟达到6000多hm^2，产苗量约五亿株左右，无论是当年生苗或大苗都远远超过市场的需求，这一供需矛盾经过市场调整又很快恢复到正常水平。

2　苗木繁育的技术方法及管理水平

繁育杨树苗木的方法主要分有性繁殖和无性繁殖两大类。无性繁殖包括扦插育苗、嫁接育苗、组培育苗等。在生产上大量使用的育苗方法是扦插育苗。20世纪50年代，以从小叶杨母树上采集种子，通过播种培育实生苗为主，省林业厅于1958年在营口市盖县成立了采种队，专门采收小叶杨种子，除了满足本省育苗之外，还供应黑龙江、吉林等省之所需。1960年以后，生产上已用杨树种条进行扦插育苗取代了播种育苗的方法。杨树扦插繁育技术虽然不难掌握，但在开始阶段人们还是比较陌生的。试验研究总是超前的，科技人员经过大量的试验研究工作，摸索到了不同品种、无性系扦插生根能力的遗传差异性。杨树扦插生根的难易主要取决于插穗上根原基的数量多少、发育程度及诱导根原基形成时期的早晚等生理因素和环境因子的和谐统一。理论指导实践，育苗技术不断提高，扦插成活率很快由60% ~70%提高到90%以上，就连难以生根的新疆杨，也不需采取任何化学处理方法，使其只有20% ~30%的成活率一跃上升到90%左右。

1970 年之前，还处在杨树培育的粗放经营阶段，使用的杨苗木标准也较低。一年生杨苗木合格的标准为地径 1.0～1.2cm，苗高 1.5m。育苗密度很大，一般在 10～15 万株/hm^2。初期采用大垄双行，即 70cm 的垄面扦插两行，成品字形排列，逐渐改为 60cm 的垄作，单行扦插，管理水平较低，特别是社队办苗圃，往往因为缺乏电力设备和灌溉设施，苗木成活率不高，质量较差。80 年代以后，随着杨树速生丰产林发展，欧美杨等新品种逐步获得推广，良种壮苗的标准也随之提高到地径为 1.5cm 以上，苗高 2m 以上，扦插密度降低到 9 万株/ hm^2 左右。进入 90 年代，苗木标准和质量进一步提高，生产管理也达到一定的集约化程度。苗木地径达到 2cm 以上，苗高 2.5m 以上才能达到 2 级苗标准，苗木扦插密度降低为 6.0～7.5 万株/hm^2 左右。

二、苗圃建立

1 苗圃地的选择

苗圃是培育苗木的场所，苗圃地的好坏，直接影响到所育苗木的产量和质量。在选择苗圃地时，要着重考虑苗圃地的地点在经营管理上是否方便，交通是否便利，自然条件是否有利于所育树种苗木的生长等条件。

1.1 杨树苗圃的社会和经营条件

苗圃的经营条件包括通讯、道路交通、电力供应、水源、周边的科研服务机构、劳动力市场、农用机械服务、地方民情、环境等等。在这些条件好的地方建设杨树苗圃，可以充分利用社会资源，使用新技术，减少投入，降低经营成本，提高效益，使苗圃得到良性发展。

1.2 杨树苗圃的自然条件

1.2.1 苗圃的地形、地势

杨树苗圃应建在地形平坦、地势较高、便于排灌的地方。在地形平坦的圃地，影响苗木生长的温度、土壤、肥力、湿度等因子在较大面积范围内差异较小，对苗木影响程度相近，有利于调节控制，生产中便于灌溉，便于机械化作业，节省人力，降低成本。选择地势较高的地方，容易排涝，不易积水。地面坡降一般不大于 2% 。坡度过大，容易造成水土流失，灌溉不均，降低土壤肥力。

1.2.2 水源和地下水位

苗圃应建在有可用水源或距可用水源较近的地方。水是影响苗木培育的关键因子，要保证苗圃有充足的可用水源供应。这包括两方面：一是有水可用，再一个就是水质可用。如果水源充足，但水质严重污染或含盐量大（含盐量高于 0.15%），这种水不能用于灌溉，在此种条件下建设苗圃风险很大。圃地的地下水位一般要在 1～1.5m。水位过高，土壤容易积水、积盐、潮湿，土壤透气不良，影响根系生长，影响苗木质量。

1.2.3 土壤条件

杨树苗木一般最适宜在具有一定肥力和具有保水能力的沙质壤土或轻质壤土上生长，这样的土壤通气性好，利于微生物活动和有机质分解，形成团粒结构，保水保墒，土壤肥力高。土壤以中性，pH 值在 6.0～8.0 范围之内为好。质地粘重的土壤，通气性差，雨后积水泥泞，易板结龟裂，不利于杨树苗木根系生长发育、不利于耕作，过于沙质的土壤，保水性差、肥力很低、土壤温度变化剧烈，也不利于苗木生长。土壤中盐的含量应在 0.1% 以下。

1.2.4　病虫害情况

苗圃地尽量避免选择在病虫害多发地段。在建圃前要进行病虫害调查，了解当地易发生病虫害的种类及危害程度，特别是一些危害较大又难以防治的病虫害，如地下害虫（地老虎、象甲等）、蛀干害虫（透翅蛾、杨干象等）以及一些易传染的病害如腐烂病、锈病等。

2　苗圃规划设计

一般将杨树苗圃划分为播种或扦插育苗区、大苗培育区、良种采穗圃、引种驯化区等。

2.1　播种或扦插育苗区

本区任务是提供 1~2 年生实生苗或扦插苗。选择圃地自然条件、经营条件好的地段作为播种或扦插育苗区。要求地势较高、地形平坦、坡度小于 2%、土层深厚、理化指标适宜、灌排方便的地方。

2.2　大苗培育区

主要培育 3 年生以上城市或居民点绿化用苗。大苗区培养的杨树苗木，树体、苗龄较大，培育年限较长，苗木株行距大。一般选用土层深厚、地下水位较低的地段，由于大苗直接出圃，大苗区最好靠近苗圃主干道。

2.3　杨树良种采穗圃

辽宁的杨树繁育，一般都不采用采穗圃的方法，如果需要可以建立采穗圃。良种采穗圃是向生产提供纯系苗木的重要保证。应根据对种条的需要量有计划地建立一定面积的采穗圃，在建立杨树良种采穗圃时必须注意以下几个方面：

（1）建圃所用无性系必须是本区经过鉴定，正式推广的无性系；

（2）建圃所用种条必须经过专门鉴定，保证无性系准确和纯度；

（3）采穗圃建成后，可连续使用 5~8 年。因此要求在土壤条件优越的地段上建圃，并加大基肥使用量；

（4）进行科学的水肥管理并及时防治病虫害；

（5）连续采条 5 年后，发现母根发条不旺和生长衰退时，应及时更新。

三、杨树有性繁殖

目前杨树的有性繁殖仅用于特殊需要。如在杨树有性杂交育种中，用杂种 F_1 代种子繁殖；在某些珍贵天然种的引种或种源研究中，用播种育苗法获得试验材料；某些扦插生根困难树种，如胡杨、山杨等的育苗。杨树有性繁殖主要分采种、播种和管理 3 个阶段。

1　采种

杨树各树种的花期在早春树木发叶前后，雌、雄花各自形成花序。果实为朔果，有 2~4 裂。种子很小（杨树中胡杨种子最小，其千粒重仅 0.08g，银白杨种子最大，但千粒重也只有约 0.54g）。种子外层也有一层极薄的种皮、无胚乳。种子成熟后，蒴果开裂，种子即随风飞散。种子成熟时间随种的不同和地理位置变化而有很大差异。有时在同一树种的不同单株之间种子成熟时间也可看到较大的差异。杨树种子发芽率及实生苗长势都与其成熟度密切相关。必须正确掌握采种时间。一般情况下，在大部分蒴果由青变黄，个别蒴果开始开裂时采种是最好的时机。

采种方法有2个，即直接由母树上剪下果穗（有时连同果枝一同剪下），或收集散落的种子，前者的优点是可以选择优良母树，而后者比较省工。应提倡选择优良母树，适时采集这类优树的种子播种。

2 种子处理

果穗采收后，要经过调制，加工成适合贮藏或播种用的纯净种子。通常采用以下方法：将果穗摊放在室内水泥地上，厚度不要超过6cm，每天均匀翻动5~6次；蒴果开裂后，用细枝条轻轻抽打，使种子与种毛分离开，然后过筛，即可得到纯净种子。有条件时，可以将果穗堆放在室内竹帘上，竹帘下铺塑料布。抽打时大部分种子可透过竹帘落在塑料布上。

3 种子贮藏

杨树种子在自然条件下保存时间很短，种子即失去发芽能力。在种子成熟早的地方可随采随播，但成熟晚处，当年播种生长量不大，又不易越冬，不如贮藏起来，第二年早春播种。贮藏杨树种子时，要首先把种子荫干，使含水率降低到6%以下，置玻璃瓶中，并加入氯化钙或硅胶等吸湿剂（不可使吸湿剂与种子直接接触），密封后放在0~5℃环境中贮存越冬。

4 播种育苗

杨树种子小，发芽力丧失快，所以对育苗条件要求很高。特别是在发芽和幼苗阶段，稍有不慎，就会失败。所以播种育苗应注意以下几点：

（1）育苗经验数据。种子150万粒/kg，种子纯度90%，发芽率70%，播种量15kg/hm^2。

（2）育苗地准备。杨树种粒极小，因此，整地做床要比一般树种苗床质量更高。床面要平，表土要细，高床规格与落叶松苗床相同。

（3）播种时间和方法。于5月下旬至6月上旬种子调制出来后即可播种。把种子混入一定比例细沙或细土，喷少量水，种、沙或土混拌均匀。在播种前床面浇一层水，播种后种子粘附表土上，然后用细眼筛薄薄地筛一层土，约1mm。也可以播种后不覆土，而覆一层草遮荫。然后少量喷水，经常保持床表土湿润。

5 实生苗管理

根据杨树实生苗生长发育阶段，进行以下管理：

（1）出苗阶段。这一阶段从播种开始到幼苗出现第一片真叶止，共需约15~20天。播种后，种子吸水膨胀，胚根首先伸出种皮，向下扎入土中。同时两子叶逐渐膨大，脱去种皮，展开。幼芽开始生长，形成第一片真叶。

这时的幼苗还没有开始通过光合作用自己制造有机养料，而只是利用种子自身贮存的养分生活。待幼根扎入土中，幼茎直立，子叶膨大并由黄变绿后，才开始自己利用光合作用制造养料。幼根入土很浅，吸水能力较弱。所以，必须保持苗床表面湿润，保证适量供水。在这个阶段中，幼苗抵抗逆境的能力极弱，即使在管理良好的条件下，仍然会部分死亡。因此，播种密度应适量大一些，以防缺苗断垄。

（2）幼苗阶段。本阶段包括幼苗出现第一片真叶至苗木开始大幅度生长。

本阶段中，苗木地上部分生长缓慢，但真叶数目逐渐增多，叶片面积也逐渐加大。幼苗这时主要集中力量发展地下部分，其根系向土层深处伸延，并分生侧根。主要管理内容是间苗、除草和防病。间苗应在苗高 2 ~ 3cm 时进行，留苗要均匀，留壮去弱。可喷洒代森锌或硫酸亚铁防治立枯病和炭疽病等。

（3）速生阶段。本阶段由苗木迅速加大高生长开始到生长量大幅度下降为止。此阶段所占时间长短随播种地所处的地理位置不同而异，由南向北逐渐减少。

本阶段正值温度高、雨水充沛，为苗木生长提供了良好条件。同时苗木根系已较发达，为速生奠定了基础。这时苗木对水肥要求较高，要抓紧定苗、除草、追肥和病虫害防治等工作。在雨水缺少时，要及时灌溉。

（4）越冬准备及越冬阶段。本阶段的明显标志是苗木生长量大幅度下降，直至停止生长，进入冬眠。随之苗木体内水分含量逐渐降低，养分由叶片向茎和根部转移。叶柄下端形成断离层，叶柄脱落。苗木体内的各种生命活动强度都降低到最低点（休眠）。在越冬准备时期，主要应保证苗木充分木质化，以利于安全越冬。应及早停止灌水、施肥等促进苗木生长的措施，以免引起徒长。在干旱地区，苗木已进入冬眠状态后，可灌一次冻水，以免苗木在冬季失水过重。

四、杨树的无性繁殖

杨树是适用于无性繁殖的树种，但杨属各派之间无性繁殖能力差别很大。其中，青杨派和黑杨派中大多数树种无性繁殖容易，扦插育苗成活率高；而白杨派、大叶杨派和胡杨派各树种则一般扦插生根困难，扦插育苗成活率低，甚至于不宜扦插。

1　扦插育苗

扦插育苗是当前国内外杨树育苗的主要方法。此法简单易行，成活率高，成苗快速，管理方便，又能保证优良无性系的性状稳定，因而被生产苗圃所广泛采用。

1.1　插穗成活原理

插穗能否成活，主要取决于插穗能否生根。插穗能生根，即可成活，不能生根则死亡。植物的根系分为定根和不定根。由种子的胚发育而成的根，不论是主根还是侧根均称定根；由茎、枝、叶等部位长出的根，由于生根部位等原因，称作不定根。杨树插穗产生不定根的部位因树种而异，大部分树种主要从皮部生根，少数树种从切口愈伤组织上生根。皮部生根需要时间较短，愈伤组织生根需要时间相对较长。生根快的树种成活率高，生根慢的树种成活率低。

1.1.1　皮部生根原理

根原基是茎（枝）皮部生根的物质基础。它是在较宽的髓射线与形成层交叉处形成的薄壁细胞群，细胞质浓，排列紧密，外端通向皮孔，吸收氧气；内端通过髓射线与髓心相连，从髓心吸收营养，取得营养物质。根原基多的树种插穗成活率高，相反成活率低。实验表明：容易生根的树种，如北京杨、欧美杨，根原基的数量最多，平均每段插穗有5.3~12.1个；较难生根的树种，如新疆杨、银白杨，平均每段插穗4.5~5.5个；难生根的树种，如毛白杨的根原基数量少，平均每段插穗3.8个。

杨树插穗最先生根的位置，多数是在土壤温度、湿度和通气条件较适宜的部位，即距地表3~8cm处，根原基开始生长、发育，穿过韧皮部，从皮孔处生成不定根。不定根在土壤中吸收养分和水分，保证了插穗的成活。皮部生根后，插穗已经成活，插穗下切口愈伤组织继续生长分化，形成大量根系。

1.1.2　愈伤组织生根原理

植物在伤口的刺激下，有生成愈伤组织的能力，愈伤组织有保护伤口、恢复生机的功能。由于伤口的刺激，形成愈伤激素，引起形成层薄壁细胞分裂，在伤口处形成半透明的瘤状突起物，这就是初生愈伤组织，作用是保护伤口，吸收水分和养分。愈伤组织继续分化，在其深部可形成细胞质较浓、颜色较深的细胞团，此即是从愈伤组织中诱生的根原基，然后发育成不定根，为插穗成活打下了基础。经观察发现，叶痕下面的切口，愈伤组织发育得特别旺盛，因此以愈伤组织生根的树种，剪插穗时，下切口要在叶痕附近。产生愈伤组织是个较长的过程，以愈伤组织生根的树种生根较慢。如果从生成愈伤组织到长出根系这段时间，温、湿条件控制不好，插穗会因不能生根而死亡。

1.1.3　嫩枝插穗生根原理

嫩枝插穗在扦插前还没有形成根原始体，因此形成不定根的过程和木质化插穗不同。嫩枝插穗主要是切口处的细胞破裂后，细胞液充满了表层细胞间隙，经过空气氧化，形成一层很薄的保护膜，内部逐渐形成木栓层，再由保护膜的新生细胞形成愈伤组织，愈伤组织不断分化，形成输导组织和形成层，并分化出生长点，从生长点长出不定根。

1.2　硬枝扦插育苗

硬枝扦插育苗是利用充分木质化的苗干或休眠枝做繁殖材料。方法简单易行，成活率高，因此是生产中应用最广泛的一种育苗方法。

1.2.1　硬枝扦插育苗技术

1.2.1.1　种条的选择与采集

最好从杨树良种采穗圃选择当年生无病虫害的粗壮枝条，另外也可选择苗圃育苗地当年生扦插苗或由壮龄母树根部长出的当年生萌蘖条。采集种条的时间，一般最好在秋季落叶后到早春树液流动前的休眠期采条为宜。这时种条内贮藏养分、水分充足。北方地区以秋季落叶后采集种条适宜。采后贮藏越冬。

越冬贮藏方法有室内贮藏和室外贮藏。室内贮藏在阴凉的室内或地窖内，湿沙与种条层积放置，上面覆一层湿沙；室外贮藏应选择排水良好的地方挖沟，沟深1m，宽2m，长可以根据种条多少来定。贮藏时先在沟底铺2~5cm厚湿沙，种条和沙层厚度各为10~15cm，分层装至距地面30cm左右，上部覆盖湿沙50cm左右。中间要留通气孔，翌年3~4月份气温回升时，扒出种条，以备剪穗之用。

1.2.1.2　剪取插穗

（1）剪取部位：插穗成活率和苗木生长量以枝条中部为最好，因此，为提高扦插成活率，提高苗木的产量和质量，剪取插穗时，尽量选用种条的中段，剪掉种条基部粗无芽眼和梢部幼嫩部分。

（2）插穗长度和粗度：根据试验和生产实践表明，在北方地区的插穗长度，在土壤水分条件较好的地区需 12～13cm；在较干旱的地区需 15～18cm；在干旱的地区剪插穗长应为 25cm 左右。插穗的粗度以 1.0～1.5cm 比较适宜。

（3）必须用锋利的剪枝剪或其他专用刀具截条，保证切口平滑。插穗上切口取在一个壮芽上端约 1cm 处，平截。下切口斜截呈马耳形，切削角度约 45°。下切口上端宜选在一个芽的基部。

1.2.1.3　促进插穗生根的措施

（1）沙藏催根法。插穗经过沙藏处理，不仅可以软化插穗皮部，促进插穗的皮部生根，并且为插穗下切口愈伤组织生根做好准备，扦插后会缩短田间生根所需时间，从而克服了北方地区回春晚、5 月高温、干旱等不利因素的影响，提高扦插成活率。

（2）水浸催根法。扦插前用水浸泡插穗，可以溶解或稀释抑制物质，促进插穗生根，同时插穗吸足水分有利于提高抗旱能力。一般易生根树种插穗扦插前用活水（无活水一天换水一次）浸泡 2～3 天，而对于难生根树种插穗如毛白杨、新疆杨等需浸泡 5～7 天。

（3）ABT 生根粉催根法。ABT 生根粉能参与插穗不定根形成的整个生理过程，具有补充外源激素与促进植物体内源激素合成的功效，因而能促进形成不定根，缩短生根时间，并能促使不定根原基形成簇状根系。生产中主要利用 1 号 ABT 生根粉对难生根树种插穗进行催根。如白杨派树种可用溶液浓度为 100μg/g 的 1 号生根粉浸泡插穗 1～2 小时，浸泡插穗深度距下切口 2cm 左右，每克生根粉浸泡插穗 3000～6000 个，可以提高扦插成活率。

（4）化学药剂处理催根法。用化学药剂处理插穗，可以增强新陈代谢作用，促进插穗生根。常用的化学药剂有蔗糖、高锰酸钾、二氧化锰和磷酸等。一般情况下可用化学药剂溶液浸泡插穗 12～24 小时后扦插。如用 0.5%～5% 蔗糖液处理毛白杨插条 24 小时，然后沙藏 45 天，可使生根率达到 86.7%～93.3%。

1.2.1.4　扦插技术

（1）整地与施肥。北方地区育苗地要强调秋季深翻 25～30cm，翌春顶凌耙地，做到地平、土碎，无石块草根，上暄下实。做垄时集中施腐熟的粪肥 4.5 万 kg/hm^2 做基肥。

（2）扦插时期。在春季芽萌动以前进行扦插。北方地区 4 月中旬后当 20cm 深的土壤温度稳定在 10℃左右时开始扦插。一般来讲，青杨派应先扦插，黑杨派可晚些扦插。

（3）扦插方式。我国目前多用手工扦插，可使用直插。在干旱地区和风沙地苗圃，在插前灌足底水，确保土壤湿润。插穗上切口与垄面平或略低于垄面。

（4）扦插密度。扦插密度取决于所育苗木类型和规格、无性系的生长特性、苗圃气候土壤条件和经营强度。大垄单行（每垄扦插一行），行距 60～70cm（垄间距离），株距 15～20cm，每亩可扦插 5000 株左右。

1.2.2　扦插苗管理

1.2.2.1　成活期　是从扦插时起到插穗上端发叶和下端开始生根为止。此期从 4 月中下旬至 5 月中下旬，管理技术要点为防止圃地土壤缺水。扦插后即灌透水一次，此后根据苗圃土壤干湿状况，要适时适量地进行灌溉，一般隔 10～15 天灌水一次，水落干后及时用手锄松土保墒，保持土壤湿润状态。

1.2.2.2　幼苗期　是从插穗地下部分生出不定根，插穗上端发叶开始到苗木高生长大幅度上升时为止。此期从 5 月中下旬到 6 月底，一般需 5～6 周时间。此期杨树插穗已生根，能从土壤中吸收氮、磷等营养元素，在此期间，即可开始追施氮、磷肥，促进幼苗生长，一般在6月下旬施尿素150～225kg/hm^2；天旱时及时进行适量灌溉，及时松土、除草。当树苗高达20～30cm时定株，除掉插穗萌发的丛生嫩枝，选留1个枝干通直、生长最好的枝条。要注意防治地下害虫和食芽害虫如小地老虎（俗称土蚕）、蛴螬、金针虫、黑绒金龟子、大灰象鼻虫、蒙古象鼻虫等。

1.2.2.3　速生期　从苗木高生长量大幅度上升时开始到高生长量大幅度下降时为止。此期一般在7～8月份，需2个月。此期需肥、水最多，是决定苗木质量的关键时期。管理技术要点包括下面几个方面。施肥：一般追施氮肥，施肥时间在7月中旬，施尿素300～400kg/hm^{2}或碳酸氢铵50～60kg/hm^2。要避免追肥过晚，否则易造成苗木徒长、降低苗木木质化程度、不利于苗木越冬。灌水：施肥后如遇天旱、降雨不足应灌水（在速生期后期及时停止灌溉），雨后或灌溉后应及时松土、除草。排涝降渍：若遇大雨，圃地积水，应及时开沟排水、防涝防渍。抹芽打杈：在速生期内要抹芽（侧芽）打杈、修去侧枝，防止影响主干的生长。防治病虫害：主要是食叶害虫如天幕毛虫、杨毒蛾、柳毒蛾、卷叶蛾、潜叶蛾等和蛀干害虫白杨透翅蛾等；主要病害有灰斑病、黑斑病、杨锈病等。

1.2.2.4　苗木硬化期　是从出现顶芽（封顶）开始到落叶为止。一般情况下，不采取特殊的经营管理措施。如遇秋旱，还要及时灌水防止苗木干枯，提早落叶。9月上旬是锈病发生的高峰期，要注意防治。

1.3　嫩枝扦插育苗

以当年生长出的未木质化的绿色嫩枝做插穗，进行扦插育苗。对于某些用木质化插穗扦插不易生根的树种，如山杨、毛白杨等可用此法。嫩枝插穗对温度和湿度要求较高，为了较好地控制温度和湿度，嫩枝扦插育苗可在温室和塑料棚中进行。

1.3.1　嫩枝扦插育苗技术要点

1.3.1.1　种条的选择与采集　采条时应选择生长健壮无病虫害的幼年母树，对难生根的树种，年龄越小越好。采条时间要掌握适宜，过早由于枝条幼嫩容易腐烂；过迟生长素减少，生长抑制物质含量增加不利生根。最好是早晨采条，可防止枝条失水，避免中午采条。

1.3.1.2　剪取插穗　插穗长度一般为4～14cm，在此范围内应具有2～4个节间。嫩枝插穗一般从愈伤组织及腋芽附近的组织生根，故剪穗时用锐利工具在叶柄或侧芽之下截下切口，要截成斜口，不要撕裂表皮。同时插穗要保留部分叶片。

1.3.1.3　扦插技术　一般用比例为2∶1∶1的细沙、泥炭和针叶树种枯枝落叶腐化物的混合基质做为插穗土壤。因插穗生根需要氧气，故扦插深度不宜太深，一般为0.5cm左右。扦插时，插条上端保留部分叶片，下端用植物生长激素处理，可提高成活率。在温室中扦插育苗，每个生长季节中，平均可出苗400～500株/m^2。

1.3.1.4　插条管理　应使室温或棚温保持在20～25℃。嫩枝插穗需要充足的水分，要经常喷水，使插壤和空气保持湿润。相对湿度在95%～100%的条件下，2～4周内插穗可以生根，生根后，逐渐增加通风、透光度，把湿度逐步降低到40%～60%，使幼苗逐渐适应自然条件。稳定一段时间，移入露天苗床，成活率可达80%以上。

2　根蘖育苗

许多白杨派和山杨类树种根蘖萌发能力强。有些小型苗圃至今还在使用留根育苗的方法培育毛白杨苗。其方法大致如下：秋季起苗时，先在距苗根茎 15cm 处的四周垂直向下各挖一锹，再小心将苗起出，使土中保留较多未被触动的根系，然后浅耕 5cm（不翻土），耕后耙平；第二年春灌水，施有机肥，用大锄把肥料锄入土中；根蘖苗出土后，按留壮去弱、均匀分布的原则，及时定苗。此法可连续使用两年。

3　嫁接育苗

嫁接育苗只用于扦插难生根树种。以繁殖毛白杨为例，有以下几种方法：

（1）基部芽接育苗。用 T 字形芽接法，在清明以前把毛白杨新芽嫁接在小叶杨一年生苗的根茎上 1 ~2cm 处（选在阴面较好）。嫁接成活后在砧木芽接点以上（0.5 ~1.0cm）截干，待毛白杨芽抽出的新条高 30cm 时，向砧木基部培土，促使毛白杨条基部生根。

（2）“一条鞭”芽接育苗。嫁接时间应在立秋前后，即 8 月上旬到 8 月中旬，要保证嫁接芽当年不萌发，可以安全越冬为前提。嫁接方法同上。不同的是不只是在基部接一个芽，而是向上在条材上每隔 20cm 左右就嫁接一芽。在一株一年生小钻杨等树种扦插种条上可嫁接 5 ~7 个毛白杨芽。第二年春将小钻杨条材剪成长约 20cm 的插穗，使每个插穗上端 1cm 处都有一个接活了的毛白杨芽，然后扦插育苗。也可以秋季剪穗，进行冬茬，翌春育苗。

4　组培育苗

植物组织培养是应用植物细胞全能性的原理，利用植物的根、茎、叶、花、果实、种子、胚甚至细胞，在无菌条件下，给以适当的营养、温度、湿度、光照、激素等条件，使植物组织再生的技术。它有利于保持母本的优良特性，并能以有限的繁殖材料，快速繁殖优良苗木，实现育苗工厂化。但此种技术需要较高的条件和技术，因此在科研和生产中主要用来繁殖不易生根树种及珍稀、名贵品种及科学试验材料。

五、苗木出圃

当培育的各类苗木质量达到造林、绿化要求的标准后即可出圃。在苗木出圃、贮藏及包装运输过程中，关键是采取必要措施，保持苗木旺盛的活力，防止根系损伤和苗木失水、伤热等现象发生。

1　起苗

随起苗随造林栽植能保证苗木活力，有利于提高造林成活率。所以最好在造林前起苗。目前生产上杨树造林主要是采取机械起苗，机械起苗的优点是：效率高，节省劳力，减轻劳动强度，且起苗质量高。而在起杨树绿化大苗时主要以人工起苗方式为主。起苗时应注意以下 3 个问题：一是起苗应达到一定深度和幅度，不损伤根皮、撕断侧根和须根，不损伤苗木地上部分；二是圃地土壤干燥时，应在起苗前适当灌水，使土壤湿润；三是随起苗、随分级、随假植、随造林，最大限度地减少根系水分的损失。

2　苗木假植

假植是将苗木根系用湿润土壤进行暂时埋植的过程。如果起苗后苗木不能及时出圃造林栽植，假植是临时采取的保护苗木的措施，可防止根系干燥失水，保护苗木活力。可就近选择地势平坦、土壤湿润的地方，挖一条浅沟，沟一侧用土培一斜坡，将苗木根系沿斜坡逐个码放，然后将根系培土踏实。

3 苗木出圃

出圃是苗木质量检验的最后一个关口，为了提高造林栽植质量，必须把好这一关。重点应检查以下几个方面：

（1）品种名称有无错误，有无其他品系混杂在内。

（2）苗木有无虫害和病害，有病虫害的苗木应在出圃前挑出销毁。

（3）苗木外形发育是否正常，苗干是否通直，上下是否均匀，芽是否发育正常，根系是否发达完整。机械损伤严重的苗木不应出圃。

（4）出圃的苗木必须进行分级。

第11章　辽宁杨树栽培生态区划

杨树是辽宁省重要的造林树种，在速生丰产林建设中占有重要的地位。杨树各品种都有自身生态习性，只有在其适生的生态环境中，才有可能充分发挥其生产潜力。辽宁的自然地理条件复杂，降雨、气温等主要气候因子有着明显的区域性差异。为了充分合理地利用生态资源，确保杨树栽培做到因地制宜、适地适树，进行杨树生态区划是必要的。辽宁省杨树研究所根据多年的杨树品种区域试验和生产栽培实践的经验总结，制订了杨树生态区划，已在杨树生产中得到应用。

一、辽宁省自然概况

辽宁省位于东北南部，界于北纬38°43′~43°26′，东经118°53′~125°46′之间，北与吉林省，西与内蒙古、河北省交界，南临渤、黄二海，辽东半岛向西南斜插其间，与山东半岛隔海相望。

地势为北高南低，东西高，中间低，东部是长白山脉余脉，西部是努鲁儿虎山、松岭、医巫闾山构成的山地丘陵，中部包括辽河中、下游和大凌河、绕阳河等河流流域，是较广阔的辽河平原。铁岭以北地势略高，辽河下游为低平的三角洲。

辽宁气候属温带季风气候带。夏季高温雨量较多，冬季漫长寒冷少雪，春季干旱多风沙。年平均气温从东北和西北部向南由5℃递增到10℃左右。夏季各地温差较小，冬季南北温差较大，全省无霜期多在150~180天，辽东半岛南端长达180~210天，东部山区和西北部则在150天以下。各地年降水量平均为400~1100mm，分布不均，自东向西北显著减少。

这些自然地理条件，特别是地势及气候条件的差异就构成了杨树不同品种的栽培布局，也就形成了杨树不同栽培生态区的划分。

二、杨树栽培生态区划方法

1　聚类因子的选择及数据标准化

本区划采用模糊聚类分析的方法进行区划。由于杨树生长状况的好坏及生产力水平的高低与气候条件密切相关，在进行生态区划时，选出2个地理、地势因子和5个与杨树生长相关性较强的气候因子作为聚类分析指标，这7个因子是：平均纬度、平均海拔高度、年平均降水量、年平均温度、≥10℃有效积温、无霜期、年均蒸发量。选用45个县（市）作为样点。数据来源于1970~1980年辽宁省气象资料。

选择的各因子之间由于量纲的不同，其值相差较大，为了减少对聚类结果的影响，增加样点间的可比性，需将选择的7个因子指标值做标准化处理，标准化处理所采用的公式是：

$$Z_{ij}=\frac{X_{ij}-X_j}{\sigma_j}\ (i=1,\ 2,\ \cdots,\ n;\ j=1,\ 2,\ \cdots,\ m)$$

其中：Z_{ij}是第i个样点第j个因子的标准化值；X_{ij}表示第i个样点第j个因子的原始数据；X_j、σ_j分别表示样点第j个指标的平均值和标准差。

标准化转换后，得到标准化数据阵（表11-1）。

表11-1 标准化数据阵

序号	地点	平均海拔高度（m）	年平均降水量（mm）	年平均气温（℃）	≥10℃有效积温（℃）	无霜期（d）	年均蒸发量（mm）	平均纬度（°）
1	昌图	0.504 97	-0.151 02	-0.878 29	-0.790 57	-0.541 22	0.641 74	1.735 93
2	康平	0.024 20	-0.904 82	-0.705 70	-0.305 77	-0.188 34	1.142 10	1.791 43
3	西丰	0.780 97	0.406 76	-2.345 30	-2.206 00	-1.605 93	-1.087 69	1.680 42
4	开原	-0.090 65	0.000 92	-1.050 88	-0.770 11	-0.559 47	0.231 58	1.458 41
5	法库	-0.094 21	-0.462 14	-0.878 29	-0.723 82	0.006 35	0.784 50	1.447 31
6	铁岭	-0.446 77	0.016 05	-0.101 64	0.029 45	-0.431 70	0.213 82	1.125 38
7	建平	2.789 51	-1.496 81	-0.619 41	0.056 74	-0.936 68	0.699 27	0.725 75
8	北票	0.604 68	-1.209 36	0.243 54	0.759 33	-0.614 22	1.425 49	0.670 24
9	朝阳	0.537 02	-1.259 35	0.329 84	0.905 99	-0.267 43	1.109 43	0.370 52
10	凌源	2.673 77	-0.773 27	-0.101 64	0.328 13	-0.936 68	1.388 20	0.015 29
11	喀左	1.677 51	-1.167 92	0.329 84	0.621 93	-0.267 43	1.391 75	-0.151 22
12	建昌	1.398 84	-1.365 25	0.329 84	0.944 97	-0.024 07	0.967 38	-0.462 04
13	彰武	-0.258 03	-1.030 45	-0.533 11	-0.321 36	-0.243 09	0.341 66	1.336 30
14	阜新	0.317 11	-1.036 37	-0.187 93	-0.022 68	-0.243 09	0.341 66	0.903 36
15	新民	-0.691 61	-0.460 83	-0.187 93	0.010 94	0.322 73	0.164 81	0.847 86
16	辽中	-0.850 09	-0.379 27	0.243 54	0.342 75	0.900 72	0.242 23	0.337 22
17	台安	-0.899 05	-0.289 81	0.416 13	0.421 19	0.827 71	0.190 74	0.181 81
18	鞍山	-0.276 72	0.236 40	0.933 90	0.926 95	0.748 62	0.228 38	-0.151 22
19	海城	-0.741 47	0.096 95	0.588 72	0.726 20	0.121 95	0.241 88	-0.373 23
20	辽阳	-0.769 96	0.433 73	0.588 72	0.753 98	0.134 12	0.101 25	0.059 70
21	黑山	-0.631 07	-0.718 01	0.157 25	0.097 18	0.389 65	0.567 87	0.514 83
22	北宁	-0.359 52	-0.479 90	0.416 13	0.280 38	0.420 07	0.963 12	0.403 83
23	义县	-0.365 76	-0.871 27	0.070 95	0.186 83	-0.407 37	0.996 50	0.337 22
24	凌海	-0.716 54	-0.451 62	0.588 72	0.392 93	1.411 78	0.106 58	0.115 20
25	锦州	-0.378 22	-0.681 84	1.106 49	0.903 56	0.998 06	0.079 23	-1.205 80
26	葫芦岛	-0.752 15	-0.262 84	1.020 20	0.839 73	1.405 70	0.997 57	-0.495 34
27	兴城	-0.886 59	0.016 05	1.106 49	0.823 16	1.131 92	-0.783 00	-0.706 26
28	绥中	-0.828 72	-0.331 25	1.192 79	0.872 86	1.320 52	0.329 59	-0.961 58
29	盘山	-0.931 10	-0.433 86	0.502 43	0.398 78	0.888 55	0.029 87	-0.040 21

（续）

序号	地点	平均海拔高度（m）	年平均降水量（mm）	年平均气温（℃）	≥10℃有效积温（℃）	无霜期（d）	年均蒸发量（mm）	平均纬度（°）
30	大洼	-0.930 21	-0.283 23	0.588 72	0.626 32	1.192 76	-0.152 66	-0.262 23
31	盖州	-0.744 14	0.106 16	1.451 67	1.309 43	1.010 23	0.347 35	-0.883 88
32	大石桥	-0.868 78	0.081 83	0.847 61	0.654 58	0.529 59	-0.282 28	-1.216 90
33	岫岩	-0.258 92	1.291 45	-0.187 93	-0.831 99	-1.642 44	-1.700 98	-1.039 29
34	瓦房店	-0.704 07	-0.049 73	1.106 49	1.026 83	0.973 73	0.737 27	-1.649 84
35	庄河	-0.656 89	0.149 58	1.106 49	1.027 80	0.949 39	0.519 93	-1.660 93
36	普兰店	-0.684 49	0.081 83	1.451 67	0.794 42	1.131 92	0.637 12	-2.016 16
37	抚顺	0.086 52	0.832 99	-1.827 53	-0.980 60	-1.180 05	-1.245 01	0.759 05
38	清原	1.120 17	0.877 06	-2.172 71	-2.558 28	-1.289 56	-1.347 64	0.981 07
39	新宾	2.170 74	0.690 26	-2.690 48	-2.995 82	-1.216 55	-1.783 01	0.570 34
40	本溪	0.683 92	0.763 93	-0.791 99	0.082 07	-3.096 54	-1.028 39	0.115 20
41	桓仁	1.174 48	1.257 91	-1.223 47	-1.661 76	-1.289 56	-1.579 89	-1.050 39
42	丹东	-0.830 50	2.246 52	0.243 54	-0.348 65	0.401 82	-1.689 26	-1.294 61
43	凤城	-0.315 19	2.443 20	-0.015 34	-0.481 66	0.000 27	-1.688 91	-0.828 37
44	宽甸	1.350 77	3.020 71	-1.050 88	-1.737 28	-1.167 88	-2.055 04	-0.550 85
45	东港	-0.933 77	1.499 96	0.588 72	-0.409 06	0.931 14	-1.736 14	-1.483 32

2　标定模糊相似矩阵

取定论域 $U=$ ｛昌图、康平、西丰、…凤城、宽甸、东港｝，采用欧氏距离系数法计算相似系数：

$$R_{ij}=\frac{\sqrt{\frac{1}{m}\sum_{k=1}^{m}\ (x_{ij}-x_{ij})^2}}{\max D\ (i,\ j\leqslant n)}$$

式中 $\max D$ 等于 $\sqrt{\frac{1}{m}\sum_{k=1}^{m}\ (x_{ij}-x_{ij})^2}$ 中的最大值。标定模糊相似关系矩阵 $R=(R_{ij})$ 具有对称性，显然 R_{ij} 越大，第 i 个样点与第 j 个样点间的差异性越小。

3　寻求模糊等价关系矩阵 R^*

显然上述矩阵只满足反射性和对称性，不满足传递性，因而还不是模糊等价关系。为此，需要将 R 改造成 R^* 后得到聚类图，在适当的阈值上进行截取，得到需要的分类结果。将 R 改造成 R^*，可用"传递闭包"的理论。R 自乘的思想是按最短距离法原则，寻求两个微量 X_i 与 X_j 的亲密程度，进行模糊关系的合成运算。

设 $R^2=r\ (r_{ij})$，即 $r_{ij}=\overset{n}{\underset{k=1}{\vee}}\ (r_{ik}\wedge r_{kj})$

其中"∨"为最大符号，"∧"为最小符号。说明 x_i 与 x_j 是通过第三者 k 作为媒介而发生关系，$r_{ik} \wedge r_{kj}$表示 x_i 与 x_j 的关系密切程度是以 min（r_{ik}，r_{kj}）为准则，因 k 是任意的，故从一切 $r_{ik} \wedge r_{kj}$中寻求一个使 x_i 和 x_j 关系最密切的通道。在实际处理过程中，R 的收敛速度是比较快的。但是我们为了进一步加快其收敛速度，采取方法：

$$R \to R^2 \to R^4 \to R^8 \to \cdots \to R^{2k}$$

直到某一步出现 $R^{2k}=R^k=R^*$ 为止。此时 R^* 满足了传递性，于是模糊相似矩阵（R）被改造成了一个模糊等价关系矩阵（R^*）。

4 绘制模糊聚类动态分析图，对样本进行合理分类

在模糊分类关系基础上，对满足传递性的模糊分类关系的 R^* 进行聚类处理，给定不同置信水平 λ，求 R_λ^*，找出 R^* 的 λ 显示，逐渐合理归并，当模糊等价矩阵中 $R_{ij} \geq \lambda$ 值时，则记为1，当 $R_{ij} < \lambda$ 值时，记为0，依次得到不同的分类结果，绘制成模糊聚类动态性的分析图（图11-1）。

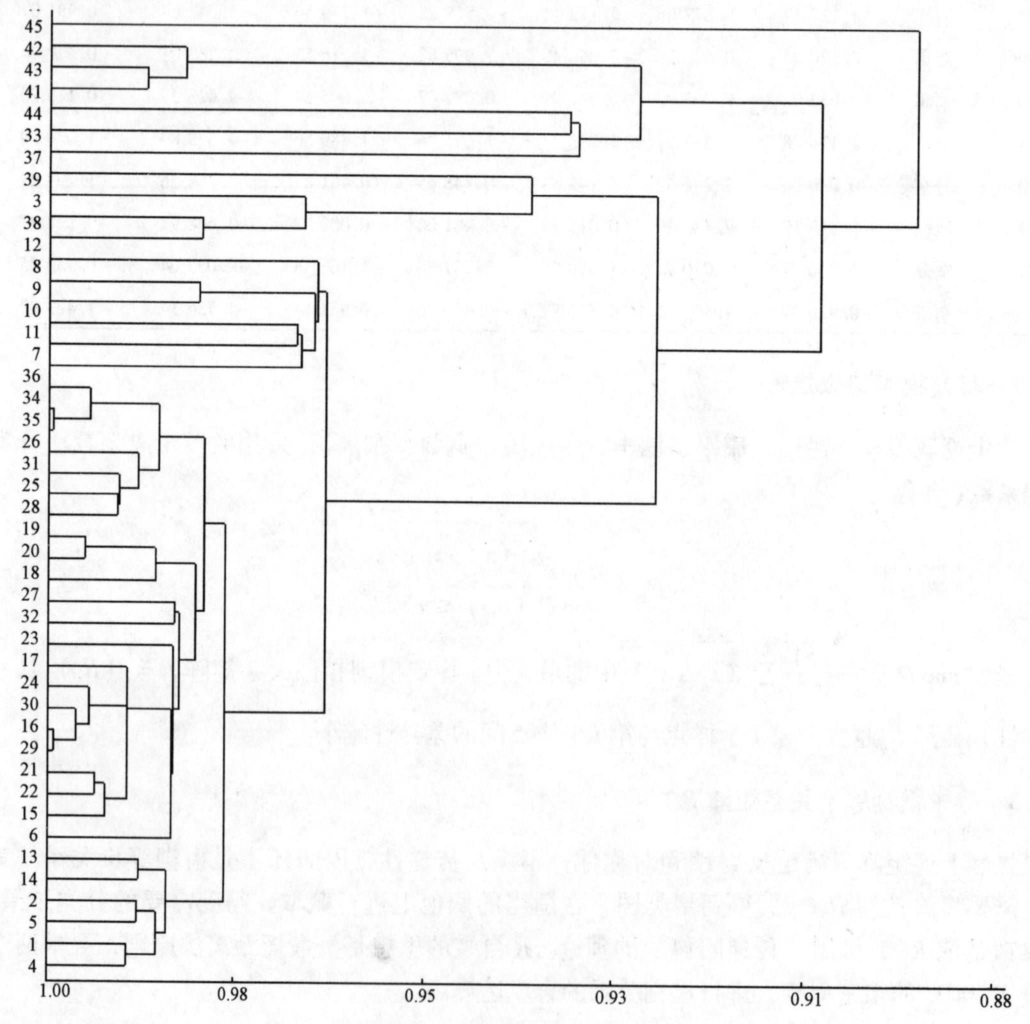

图 11-1 模糊聚类动态分析图

三、杨树栽培生态区划和树种、品种选择

1　杨树栽培生态区划

由模糊聚类动态性分析图可知，在 $\lambda=1.00$ 时，45 个样点各自分成一类；在 $\lambda=0.895$ 时，45 个样点归为一类。

在 $\lambda=0.968$ 时，整个样点被划分为 9 个状态集：①［开原、昌图、法库、康平、阜新、彰武、铁岭、新民、北宁、黑山、盘山、辽中、大洼、凌海、台安、义县、大石桥、兴城、鞍山、辽阳、海城、绥中、锦州、盖州、葫芦岛、庄河、瓦房店、普兰店］；②［建平、喀左、凌源、朝阳、北票、建昌］；③［清原、西丰、新宾］；④［抚顺］；⑤［岫岩］；⑥［宽甸］；⑦［桓仁］；⑧［凤城、丹东、东港］；⑨［本溪］。

参照辽宁省各地自然地理概况、社会经济因素、行政区划以及杨树品种的生态特点和习性及在各地的实际生长情况等诸多因素，对上述聚类结果进行适当的调整，将状态集①分成 3 类，将独立成类的特殊样点进行归类，划分出了 5 个杨树栽培生态区（表 11-2、图 11-2）。

表 11-2　辽宁省杨树栽培生态区划表

栽培区	行政范围	主要气候特征
（1）中部平原半湿润区	新民、北宁、黑山、盘山、辽中、大洼、凌海、台安、义县、大石桥、鞍山、辽阳、海城	年均温 7.5～8.8℃、年降水量 545.1～690.0mm、年蒸发量 1617.7～1977.5mm、无霜期 147.7～177.6d、≥10℃积温 3348.3～3500.8℃
（2）南部低丘湿润、半湿润区	绥中、兴城、锦州、盖州、葫芦岛、庄河、瓦房店、普兰店、丹东、东港	年均温 8.0～9.4℃、年降水量 573.19～1019.1mm、年蒸发量 1207.7～1904.2mm、无霜期 169.7～197.5d、≥10℃积温 3509.4～3614.8℃
（3）西北部平原低丘半湿润区	阜新、彰武、康平、法库、铁岭、开原、昌图	年均温 6.5～7.5℃、年降水量 524.5～680.0 mm、年蒸发量 1717.8～2018.2mm、无霜期 145.2～154.5d、≥10℃积温 3183.8～3352.1℃
（4）西部丘陵半干旱区	朝阳、北票、建平、喀左、凌源、建昌	年均温 7.9～8.3℃、年降水量 486.1～570.0 mm、年蒸发量 1869.9～2198.9 mm、无霜期 144.3～162.1d、≥10℃积温 3413.4～3532.0℃
（5）东部山地湿润区	西丰、清原、抚顺、新宾、桓仁、本溪、宽甸、凤城、岫岩	年均温 5.0～7.8℃、年降水量 739.4～1136.8 mm、年蒸发量 1117.9～1607.1 mm、无霜期 103.5～173.0d、≥10℃积温 2821.0～3274.2℃

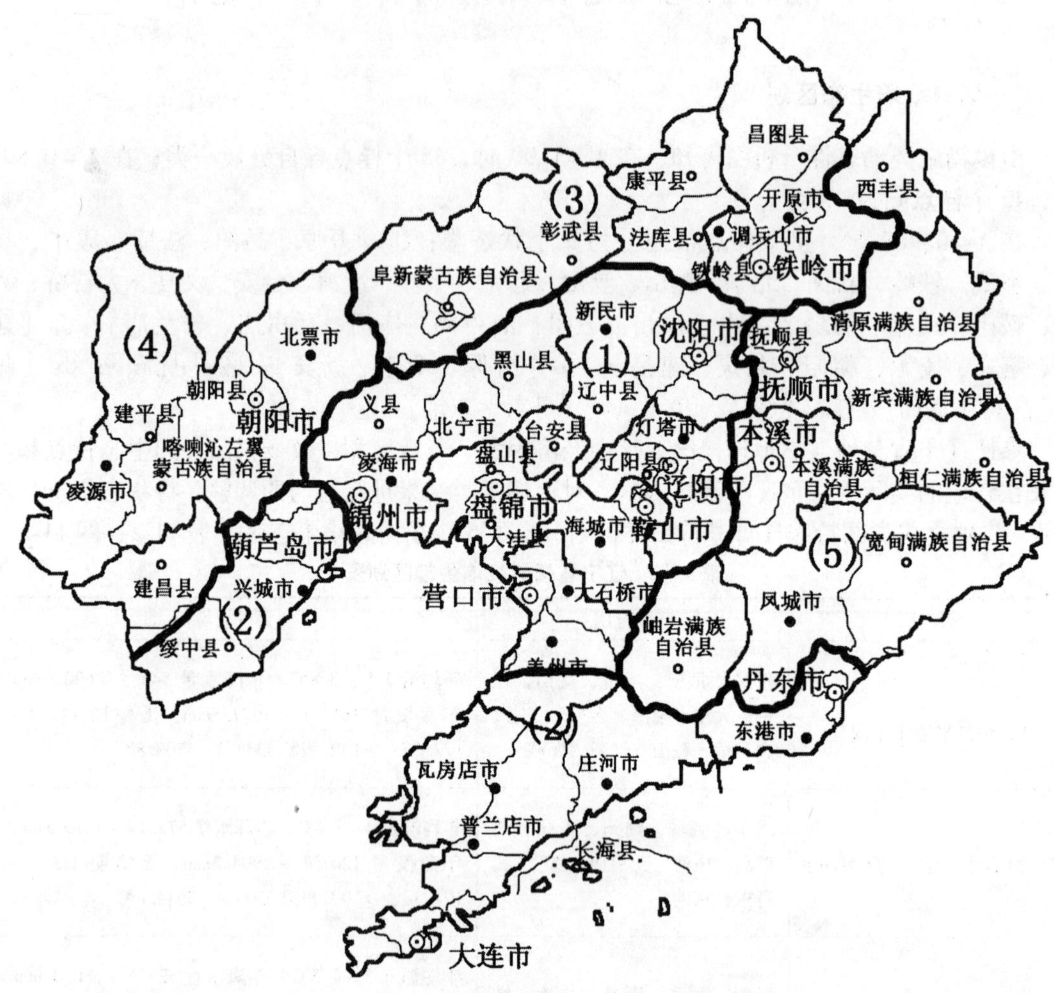

图 11-2 辽宁省杨树栽培生态区划图

（1）中部平原半湿润区

（2）南部低丘湿润、半湿润区

（3）西北部平原低丘半湿润区

（4）西部丘陵半干旱区

（5）东部山地湿润区

2　各栽培生态区栽培的树种和品种（表 11-3）

表 11-3　辽宁省杨树栽培生态气候区栽培树种和品种

栽培区	林种及用途	栽培树种和品种
（1）中部平原半湿润区	用材林	辽宁杨、辽河杨、盖杨、沙兰杨、I-214 杨、荷兰 3930 杨、荷兰 3016 杨、辽育系列等
	防护林	中黑防、小钻杨、群众杨等
	绿化	新疆杨、银中杨、小胡杨（盐碱地绿化）等
（2）南部低丘湿润、半湿润区	用材林	辽宁杨、辽河杨、盖杨、沙兰杨、I-214 杨、荷兰 3930 杨、荷兰 3016 杨、辽育系列、107 杨、108 杨等
	防护林	中黑防、小钻杨、群众杨、昭林 6 号杨等
	绿化	新疆杨、银中杨、毛白杨等
（3）西北部平原低丘半湿润区	用材林	辽育 1 号杨、辽育 3 号杨、荷兰 3016 杨、中黑防杨、中绥 12 号杨、昭林 6 号杨等
	防护林	黑林 1 号杨、三北 1 号杨、小胡杨、小钻杨、群众杨等
	绿化	银中杨、新疆杨等
（4）西部丘陵半干旱区	用材林	辽育 1 号杨、辽育 3 号杨、荷兰 3016 杨、中黑防杨
	防护林	昭林 6 号杨、赤峰 34 号杨、小黑杨、小钻杨、群众杨、小青杨等
	绿化	新疆杨、银中杨等
（5）东部山地湿润区	用材林	三倍体山杨、中黑防杨、中绥 12 号杨等
	防护林	小钻杨、三北 1 号杨
	绿化	银中杨、小胡杨等

第12章 杨树用材林

中国森林资源缺乏，木材总蓄积量不足世界总蓄积的3%，人均蓄积量是世界平均水平的1/8，排在第121位。木材短缺将是中国长期面临的问题。据预测，2005年生产建设用材需求量为2.3亿~2.4亿m^3，缺口达6000万m^3。2015年需求量为3.3亿~3.4亿m^3，缺口达1.4亿~1.5亿m^3。其中纸浆材的需求据轻工业部门的规划，到2005年国产木浆产量310万t，需木材原料1395万m^3；到2010年木浆年产量达到710万t，需木材原料3200万m^3；到2015年生产木浆将达到1000万t，需木材原料4500万m^3。这些木浆原料，在我国北方主要靠对杨树用材林的培育而获得。目前全国的杨树采伐量大约300万m^3，并非全部用于制浆。由此可见，杨树用材林的培育任重而道远。

杨树是辽宁平原地区最重要的造林树种，随着对生态环境的日益重视和天然林保护工程的实施，加强了对山区森林采伐量的严格控制，社会对木材需求的目光，将会集中到杨树人工用材林上，尤其是造纸业、胶合板、人造板、包装箱、细木加工等企业的迅速发展，使杨木利用途径和木材市场越拓越宽，必将推动杨树用材林向新的发展高峰攀登。

回顾杨树发展的历程，每一个发展层次都是与当时的历史背景和社会条件相适应的。

一、杨树人工林的粗放经营

从新中国成立到20世纪70年代，其间的杨树人工造林基本属于粗放经营。当时虽然也强调植树造林的6项基本原则，但由于技术落后和缺乏指导，所以从总体上看呈现一种人工栽树、靠天养树的放任状态。尤其是集体所有制的林分，大多数都严重弃管。粗放经营的杨树人工林的基本特征是：经营目的不确定、造林密度太大、经营技术缺乏、病虫危害猖獗。

1 经营目的不确定

在计划经济时代，杨树木材生产并没有纳入国家计划，山杨是材质最好的杨木，在东北林区的山杨也只能作为地方材指标，价格不过70元/m^3。一般杨木主要用做缺林少材的平原地区农村民间建筑所需的柁、檩、椽等，而且价格非常便宜，每根檩子2.0~3.0元。对杨树木材除了民用建筑以外，少有其他市场，缺乏经济利益趋动的时代，杨树用材林在人们心中的社会地位也就可谓无足轻重了。

那时的杨树植树造林，主要受狭义的绿化概念和狭隘的绿化指标所趋使，往往出于任务观点，完成造林任务就算万事大吉。因此，没有明确经营目的，带有很大的盲目性。造林不分立地好坏，不管什么品种，有苗就栽。苗木规格小、质量差。造林成活率低、保存率低、生产率低的3低现象屡见不鲜；同一地段重复造林，多次补植现象常有发生。林木老少三辈，林相参差不齐，低质、低产林分到处都有。直到现在，30、40年生的杨树“小老树”仍可见到。

2　造林密度过大

新中国成立后，中国的林业技术受苏联影响很大，有不少东西是照搬硬套过来的。杨树造林密度就是其中之一。大密度造林，成林后多次抚育间伐，是当时的技术要求。初植密度在 2500 ~ 10 000 株/hm^2。株行距为 1m × 1m、1m × 1.5m、1m × 2m、1.5m × 1.5m、2m × 2m。

这种林分密度，已被实践证明它是林木正常生长发育的桎梏，是形成低质、低产林的重要原因之一。省杨树研究所从 1963 年开始进行杨树造林密度研究，在有了初步结果的基础上，就指出了造林密度过大的弊病，提出了杨树造林的株行距应该为 3m × 3m 以上。然而这项技术革新却被“文革”当时的所谓“以密保活、以密壮观”的形式主义和长官意志所封杀。甚至于遭到省林业主管部门个别领导的严厉斥责，在林业大会上公开强调杨树造林密度不能突破 2m × 2m。省杨树研究所坚持生产紧密联系实际，在各种试验点和试验基地上，靠其示范作用不断扩大对面上的影响，唤起人们对技术的关注。直到 80 年代中期，省科协和省林业学会召开了一次大型造林密度学术研讨会，才使杨树造林密度问题逐步得到解决，把造林密度改为 400 ~ 1110 株/hm^2。

那些应当采取间伐措施的密林，往往间伐时间很晚，间伐后对保留木也没有太大的促进作用了。因为经营者间伐的主要目的是对间伐木的利用，没有利用价值是不会间伐的。已是 20 世纪 90 年代了，还存有粗放经营的典型，例如，某林场仍有几百公顷 20 多年生的 2m × 2m 的小青杨还从来没有间伐过，所以，几十年生的林分森林蓄积量不过 40 ~ 50m^3/hm^2 是不足为怪的。

3　迷信外来品种

1962 年，省杨树研究所建立之后，开展了杨树良种选育研究，陆续从国内外引进许多品种和优良无性系，例如，北京杨、合作杨、群众杨（小美旱杨）、晚花杨、波兰 15A、马里兰德杨、健杨、沙兰杨等，到 1974 年，光国外引种就有 80 多个。这些试验材料布置在省内许多试验点进行小试和区试。它们的苗期和幼树的生长速度、形态特征等都明显优于当地的乡土树种小叶杨、小青杨等。因此，备受人们青睐，尤其是对欧美杨类大叶形品种格外垂青。于是，竞相繁育和栽植，很快扩展开来，在大多数地区基本上取代了小青杨、小叶杨。这种不推而自广的现象，其根本原因是对毛泽东主席的“水、肥、土、种、密、保、工、管”农业八字宪法中的“种”有较高的认识，然而在很大程度上没有真正理解和认识良种的概念和意义，误认为外来的品种都是良种，只要是外来的，就比当地的好。这种认识上的误区带来了行动上的盲目性。这期间分布在各地，包括杂交育种所获 F_1 代试验材料在内，大约有几百个无性系之多。经过实践检验，通过普查得知，真正站住脚的只有 31 个。

与人们对良种的热情相比，相对于经营管理就有些相形见细了。尽管当时有些经营技术问题还没有解决，没有良法与良种配套，但松土、除草、防虫等一些可为之措施，也未能做到。所以，即便是真正的良种也不可能发挥出其应有的生产力。更换了新种的人工林分，其蓄积量较之过去虽然有了一定幅度的增长，但还是很不理想的。当然，作为粗放经营的发展阶段，这也是无可厚非的历史必然。然而，这一时期为杨树良种选育提供了大范围的实践依据和积累了宝贵经验，促进杨树品种全面更新换代，对实现杨树良种化所起的积极作用是绝不可抹杀的。

4 病虫害猖獗

杨树病虫害很多，对杨树生长发育影响较大的是杨树干部病虫害。由于粗放经营，一般树势比较衰弱，树干很容易染上溃疡病、烂皮病等。对杨树威胁最大的还有白杨透翅蛾、杨干象和青杨天牛3种蛀干检疫害虫。针对这3种检疫害虫在60年代初，沈阳林业土壤研究所李亚杰先生已经研究出一套防治方法，但没能有力普及下去。引进本省的许多杨树新品种，往往遭受病虫危害比较厉害。尤其是欧美杨类粗皮杨树，杨干象危害更为严重，许多林分在幼林阶段就被蛀食的百孔千疮，不堪目睹。虫害发生严重地区，被害株率达100%，虫口密度多至几百头/株。掌握不了防治技术，几乎是一筹莫展。在60年代中期，一个很有名望的平原绿化先进县引种了大量的新品种，就因为病虫害防治问题解决不了，便无可奈何的下令淘汰一切外来杨树。一时间，这一地区又变成了小青杨的天下了。病虫害对杨树发展的影响，从这个对杨树病虫害望而生畏的典型事例，便可略见一斑了。

二、杨树用材林的集约栽培

相对于粗放经营是集约栽培，又叫集约经营。集约经营方式来自欧洲。集约经营方式就是采用农业栽培方式来栽培杨树，这是培育杨树用材林成功的模式。20世纪70年代后期，中国学习国外的经验，开始研究具有中国特色的集约栽培方式。辽宁省在研究密度的基础上，杨树专家们于1980年开展了杨树施肥、灌水、修枝、林地间种、密度调整等多项试验研究。继之，将各项技术措施组装配套，进行中试与开发。获得较有成效研究成果和积累丰富的集约栽培的实践经验，总结出适于辽宁的杨树用材林培育的技术方法，大大提高了杨树用材林培育的科技含量。

中国把集约栽培的杨树用材林叫做杨树速生丰产林。其定义是：为缩短林木培育周期，提高单位面积木材产量，获取最佳经济效益而实施定向培育、集约经营的杨树人工林。所以，杨树速生丰产林的含义不仅仅是速生、丰产而已，它的内涵包括定向、速生、丰产、优质、稳定、高效益等。欲实现上述目标，绝不可掉以轻心，必须按照集约栽培的技术要求行事。

1 适地适树

适地适树是一切植树造林的基本原则，它是树种的生物、生态学特性与立地条件的统一。集约栽培的杨树用材林更应把握这一基本原则，因为这是实现杨树速生丰产林的6项目标的重要基础。

1.1 立地选择

1.1.1 土壤条件

在气候条件基本相同的地区，土壤条件对杨树的生长发育状况起着至关重要的作用。影响杨树生长的土壤因子主要有土壤类型、土层厚度、土壤质地、土壤通气性、土壤酸碱度、土壤水分等因素。一般来讲，杨树对土壤肥力要求较高。

1.1.1.1 土层厚度 杨树根系分布的有效土层厚度，对土壤物理性状和杨树生长状况有决定意义。适宜杨树栽培的土层厚度在 1.5m 以上。从生产实际出发，不可能都选择这样的立地。一般来说，土层厚度在 80cm 以上的即可。当地下水位适宜，50～60cm 的土层厚度也能勉强。

1.1.1.2　土壤质地　土壤质地直接影响土壤的保水、保肥性能和通气状况。最适宜的土壤质地是中壤土、轻壤土、沙壤土、江河冲积土，地下水位较好的河滩地是理想地段。对于贫瘠沙地、盐碱地、土壤粘重、板结、长期积水等地块，都不能作为杨树速生丰产林的宜林地。

1.1.1.3　土壤通气性　土壤通气性是杨树根系生活的必要条件，它是影响杨树根系生长的重要土壤因子。杨树根系呼吸强度很高，需要大量的氧气。如黑杨派树种的呼吸强度为 CO_2 量 403mg/24h/g，杨树的根呼吸强度比其他树种高出 2～17 倍。所以，只有疏松的土壤，土壤通气良好，才能满足杨树生长对土壤中氧气的需要。土壤通气性状况，是通过土壤孔隙度反映出来，一般用土壤容重表示。杨树最适宜土壤容重在 1.35g/cm^3 左右，即土壤孔隙度为 50% 左右。土壤容重在 1.3～1.5g/cm^3 之间都是适宜的选择。

1.1.1.4　土壤酸碱度及含盐量　杨树最适宜土壤酸碱度的幅度在 pH 值 6.5～8.5，超出这个范围，酸碱度则成为杨树生长发育的突出的限制因子。pH 值 7.0～8.0 是最适宜的。土壤盐渍化是杨树速生丰产的重要限制因子。目前适于辽宁省栽植的杨树良种，一般耐盐性较低，绝大多数在含盐量 0.2% 以下才能良好发育，只有少数小钻杨类的耐盐程度可达到 0.3%。造林选地时土壤盐渍化程度必须考虑。

1.1.2　土壤水分及养分

速生的杨树品种或无性系一般为中生或偏湿类型，同时比较喜肥，要求有较好湿润条件。否则，速生潜力就会受到很大的限制。干旱地区和贫瘠土壤，长期满足不了水肥要求，就容易形成“小老树”。

1.1.2.1　土壤水分　杨树是个耗水量特别大的树种，它把从土壤中吸收的水分，通过树叶的蒸腾作用，能够消耗掉 95%。在生长活跃期间，黑杨派树种每生产 1g 干物质，需消耗 1L 水。据测定，以 9 月份为例，一年生杨树每天从土地上蒸腾掉的水分是：I-72 杨 140t/hm^2、I-69 杨 114t/hm^2、I-214 杨 90t/hm^2、沙兰杨 91t/hm^2。由此可见，充足的土壤水分是速生丰产的必要保证。

土壤水分状况主要反映在地下水方面。地下水位的高低和水质矿化度的高低，对杨树生长有很大的影响作用。土壤毛管水上升高度一般在 0.4～2.0m，所以比较理想的地下水位为 1～2.5m，矿化度 0.05～0.2g/L。根系能够经常接近地下水位，对杨树生长最有利。地下水过高或有较长时间积水的地段，都不能作为杨树速生丰产的造林地。辽宁地区往往春旱较严重，特别是半干旱地区，地下水埋茬较深，根系难于达到毛管水层的上缘，必须通过特殊的技术管理措施才能达到提高造林成活率和确保杨树正常生长的目的。

1.1.2.2　土壤养分　差不多所有的黑杨派树种尤其是某些欧美杨无性系都要求有较高的土壤肥力。联合国粮食与农业组织的资料指出，杨树生长过程中需要大量的 Ca、N、K。根据意大利杨树研究所对 I-214 杨苗木的研究，与农作物比较起来除了对钙的摄取量偏高以外，对 N、P、K3 个元素的需求量与玉米基本相似。因此过于贫瘠的土壤，不适合于营造杨树速生丰产林。根据辽宁省杨树研究所的试验表明，当土层厚度、土壤质地、土壤通气性及地下水位合乎要求的地段，在 0～30cm 的耕作层土壤有机质含量为 0.9% 以上，全 N 量

0.06%以上，速N、速P_2O_5、速K量分别在10mg/100g土、1.9mg/100g土和6.7mg/100g土以上，土壤中的各种养分元素基本可以满足杨树速生丰产的要求。

1.2 品种或无性系的选择

对速生品种或无性系的选择，主要依据当地的气温、雨量和造林地的立地条件，结合速生品种的生态特性要求，实行对号入座，以使树种适合它所需要的生态环境，达到适地适树的目的。根据多年的区域栽培试验成果，省杨树研究所把辽宁省区划为5个杨树生态区，并列出了各区相应的适生杨树品种或无性系，经营者可以根据已确定的造林地块和经营目的，参考第11章第3节进行品种或无性系选择。

2 合理密度

所谓合理密度指正确设置的初植密度（不需要密度调整）而言的。合理密度是杨树速生丰产林栽培技术的重要关键。大量试验证明它是确保林分产量和林分稳定性的最基本的技术措施之一。

2.1 栽培密度与林木生长的关系

2.1.1 初植密度对林木生长的影响

杨树是强阳性树种，对光的需求量大。当上方或侧方遮荫时，杨树的生长发育就会受压抑。杨树对日照的长短和光周期有着严格的要求。欧美杨无性系在生长期间，太阳日照不能少于1400h，当光量少于1.2万Lx，其光合作用和蒸腾强度都下降，生长量与生产率也随之下降。只有保证杨树所需要的足够的营养空间（包括地上、地下两个空间），才能充分发挥其生长潜力。国外专家研究表明，黑杨及其杂种每株林木需要40~50m^3土体的营养空间。我们通过对栽培密度的研究发现了初植密度对林分生长的影响，反映出明显的规律性。

2.1.1.1 初植密度对树高、胸径生长的影响 杨树造林密度的大小，对树高的生长没有多大的影响，其相关性很差。但是，胸径的生长随密度的减少而递增。胸径的增粗与冠幅的加大呈直线相关（$CnD = a + bD$）。胸径和单株营养面积的关系也呈直线回归，其相关系数很高。反映了胸径与营养面积和胸径与树冠冠幅关系的一致性。

2.1.1.2 初植密度对单株材积的影响 立木材积是树高、胸高断面积和形数的乘积（$V = HGF$），由于树高与密度关系不大，形数又基本是个常数，所以影响材积的主要因素是胸径。其反映规律也是随着密度的减小而呈递增现象。而且胸径差异越大，其材积递增幅度越大。

2.1.1.3 初植密度对林分产量的影响 林分产量用单位面积蓄积量表示。密度对单位面积蓄积量的影响是：当林分处于幼林阶段，单株材积较小，表现了蓄积量随密度减小而减少的规律，这期间单位面积上栽植株数起着主导作用；随着树龄的增高，单株材积的增长速度由较大密度向较小密度越来越快，蓄积量也随密度的减小而递增。在这里把辽宁省杨树研究所和意大利的两个试验结果综合为一个列表，可以清楚的看出密度的影响规律（表12-1）。

表 12-1　不同密度对林分蓄积量的影响

地　点	辽宁省盖州市（水源地）				意大利波河河谷		备　注
品　种	加拿大杨				欧美杨杂种		
密度（株/hm^2） 林龄（a）	2500	1111	625	400	400	250	
1	1.650	0.600	0.219	0.146			
2	7.715	8.679	3.587	2.316			
3	21.150	33.670	16.419	10.300			
4	37.925	65.505	47.438	26.436	55.0	40.0	
5	46.880	10.9034	80.956	53.052	74.0	50.0	
6	60.120	143.997	123.125	85.544	95.0	77.0	
7	75.236	160.892	144.119	118.304	118.0	100.5	表中加拿大杨 15 年生为带皮蓄积量，其余均不带皮
8	85.957	175.666	158.231	147.072	144.0	128.0	
9	101.842	198.571	175.144	184.216	173.0	159.0	
10	121.601	218.220	204.813	221.052	205.0	194.0	
11	157.062	228.859	238.344	260.820	240.0	235.0	
12	175.480	251.297	273.725	294.996	277.5	280.0	
13	203.377	264.183	300.369	335.364	314.5	328.0	
14	224.535	273.288	317.381	360.820	350.5	378.0	
15	292.900	315.292	389.600	454.000	380.5	429.0	
⋮					⋮	⋮	
25					650.0	876.0	

2.2　合理栽培密度的确定

2.2.1　初植密度的级别划分

国际杨树委员会把杨树栽培密度分为 6 级：

极密——单株营养面积小于 $10m^2$；

密——单株营养面积为 10 ~ $25m^2$；

中密——单株营养面积为 25 ~ $35m^2$；

常密——单株营养面积为 35 ~ $45m^2$；

稀——单株营养面积为 45 ~ $60m^2$；

极稀——单株营养面积大于 $60m^2$。

这种以单株林木所占据的营养面积作为划分密级的依据，对培育不同材种的工业用材，目标明确，选择性强。各国都可以从自己的国情出发，设计出适合于经营者利益的栽培密度。

2.2.2　适宜的密度设计

从辽宁的自然、地理、生态条件的实际出发，根据对杨树工业用材的需要，通过定向培育，以极大限度的提供所需材种，可将栽培密度做如下设计。

2.2.2.1　大径级材的密度设计　初植密度设计为 333 株/hm^2、312 株/hm^2、285 株/

hm^2、282 株/hm^2 和 250 株/hm^2。其配置方式分别为 5m×6m、4m×8m、5m×7m、6m×6m、5m×8m。

2.2.2.2 中径级材的密度设计 初植密度设计为 500 株/hm^2、417 株/hm^2、400 株/hm^2、360 株/hm^2。其配置方式分别为 4m×5m、4m×6m、5m×5m、4m×7m。

2.2.2.3 小径级材的密度设计 小径级材主要是造纸材，定向培育纸浆林的密度应设计为 1250 株/hm^2、1111 株/hm^2、1000 株/hm^2、833 株/hm^2。其配置方式分别为 1m×8m、1.5m×6m、2m×5m、2m×6m。

3 科学栽植

栽植杨树的方法并不难，可以说栽树的常识一般都了解。而许多简而易做的工作却容易被人们所忽略。许多林分成活率很低，生长状况不良，往往与没有把住栽植关口是有密切关系的。

3.1 细致整地

整地是造林前的重要准备工作。这是一道重要的工序，不可忽视。整地的目的是将板结的土壤翻松，增加土壤的透气性和保水保肥能力，为杨树幼林生长发育提供有利的基础条件。合格的整地方式是全面整地，即机械深翻 30~40cm，将伐根等有碍植树的杂物拣净，然后镇压一遍，也可以同时把垄作好，用做间种。

3.2 定点挖穴

按设计的造林密度进行定点。定点要规范纵横成行，行要直。点的标志可撒白灰、插树棍或用铁锹挖一痕迹。为了确保行直，可选用测量标杆、测绳等工具测定。这种标准的林分既美观又壮观。

在既定的点上挖穴，穴的规格以土壤状况而定。一般较干旱的地方，地下水位差些的地段要深栽，穴深可为 50~60cm。方穴、圆穴皆可，穴径 50cm 左右。土壤疏松、墒情好的地段，穴深可浅一点，一般可为 40~50cm。穴的上下要一致，防止挖成锅底坑。挖穴时把土返到一个方向，以便于施工人员进行质量检查。

3.3 选修壮苗

根据辽宁省水资源欠缺，造林季节少雨、干旱、多风的气候特点，人们创造了一条根桩苗造林的宝贵经验。根桩苗造林是辽宁的一大特点。采用根桩苗造林的方法，可以节水、提高成活率和避免整株造林往往因苗木失水或缺水而受到大斑溃疡病、干腐病等病害的威胁。

造林所需苗木必须是良种壮苗，良种壮苗是丰产的物质基础。造林前，对已确定采用的良种要进行壮苗筛选。筛选壮苗是在苗圃起苗时进行的。壮苗的规格标准一般定为：美洲黑杨、欧美杨类，根桩地径 2.0cm 以上，其他品种为 1.5cm 以上，根系完整、无劈裂、无病虫害，根桩高度要达到 15~20cm。在起苗的同时，苗圃工作人员要对苗木进行筛选分级，不合乎规格的苗木不可运往造林地。当苗木运进造林地后，还要组织人力对苗木进行复选和修根。机械起苗，一般来说根系较长。对过长的侧根需用剪枝剪修剪，保留根幅 30~40cm 为宜。

特别要注意的是从起苗到定植，苗木的滞留时间越短越好，切不可时间过长。否则容易造成苗失水过多，严重影响造林成活率。

3.4　精心定植

定植质量是造林成功与否的重要关键，马虎不得。丰产林成活率的验收标准是 95% 以上。定植过程中的各个环节，首先是保活的需要。特别是设计密度较小的林分，单位面积上有极少的死亡株数，也会把成活率拉下来。所以，有些地方为了保证有足够的林木株数，有意加大密度，企图以密保活，这是不科学的。成活与否与密度大小没有直接关系。还有一个现象是一次定植，年年补植。补植不是丰产林的技术措施，补植后的林木几乎都是被压木，成不了什么材，没有多大意义。只有保证成活，一次成林，林相整齐，林分稳定，才能速生丰产。

3.4.1　定植时间

造林季节分为春秋两季。春季，定植时间为 4 月上、中旬，大连地区可提前到 3 月末开始。秋季造林，定植时间为 10 月末到 11 月 10 日前后，个别年份或有些地区，到 11 月 20 日还可以作业。具体定植时间，各地都要按本地区气候特点来安排。多年的实践经验证明，秋季造林比春季造林成活率高，一是秋季土壤墒情好于春季；二是秋栽后苗木在林地越冬，春季树液流动时，就可以进入生长发育过程。秋季造林，苗木生根要比春季造林提早 7～10d。而春季定植，苗木相对失水要多些，加之有一个缓苗阶段，生理活动缓慢，一旦土壤墒情不好，势必影响成活率。所以，杨树速生丰产林的定植工作，尽可能在秋季完成。

3.4.2　定植方法

3.4.2.1　栽植　将已选好的良种壮苗放入坑穴中央，扶正、培土。最好将表土培到最下层。当土培到半坑时，用双脚踩实，再进行第二次培土，再踩实，使实土达到坑穴的 3/4 处。踩土时一定要注意与坑穴四壁密结、紧实，并且使四周高于中心，以利于灌水积蓄在坑内。

3.4.2.2　浇灌　栽植之后，要立即浇灌。浇水时要缓慢进行，使水慢慢渗入土中。为有助于水分的渗透，浇水时可用铁串子或削尖的木棍向坑穴内边浇水边钻孔。浇水量的多少，视土壤墒情酌定。严重干旱时，在苗木萌发放叶时还应再浇灌一次。水源充足的沿河，有条件的地方可沿行间引水自流灌溉。土壤含水量很高的地段，秋季造林可不必浇水。

3.4.2.3　虚土覆盖　待水分完全渗入土中后，在坑穴上面覆盖虚土 10cm 左右，防止水分蒸发。风旱地区秋季造林，需要培土堆。把整个根桩埋上，将土堆拍实。翌年清明时将土堆撤掉。

3.4.2.4　泥浆植树法　泥浆植树法是铁岭创造的。打破传统植树法，先在坑穴底放入少量表土，视土壤墒情向坑内注水 12～15kg，用木棍反复搅拌成泥浆状，然后植树、填土、踩实、覆虚土。这个方法的优点是苗木根系完全沾满了泥浆，坑内泥浆中的水分沿坑壁外渗速度很慢，这样可以使植穴内较长时间保持着较高的含水率。不但植树时省水，而且能够提高成活率。辽宁各地都有一些独特的栽植方法，积累了一些提高成活率的宝贵经验。

4　精致管理

现在培育的杨树用材林，其木材主要作为工业原料，成为工业用材林。从世界范围来看，工业用材林的建设发生了 5 个转变：由一般人工林经营转向高度集约经营，建立一定林种、材种的定向培育的营林模式；从传统的树种选择走向速生、优质的良种选育，并强调配套育林体系；重视立地选择，造林基地由低生产力地带转向高生产力地带；为了持久的木材生产，特别关注林地培肥，维护和提高土壤肥力；工业用材林基地建设与木材加工工业以及商品市场形成配套体系。辽宁省的杨树发展与时俱进，有关杨树速生丰产林已经谱写了试验研究和栽培实践的20多年的历史，现在已经稳步进入定向培育的基地化建设阶段，不但创建了杨树纸浆林的优化栽培模式，而且开始向林、工、商一体化迈进。

对林分的集约管理，也是立足于杨树用材林这种新的经营上的转变而加大力度，采取相应的技术措施。林分管理对象可分为林地管理即林地土壤培肥和林木管理两个部分。

4.1 林地土壤培肥

土壤是林木生长发育所需各种营养的仓库。土壤肥力决定着林分的生产力。土壤肥力包括土壤载体的肥、水、气、热及土壤微生物等。土壤培肥就是采取各种措施，补充、提高土壤肥力，改善土壤的营养状况，以供应林木生长发育之所需。

4.1.1 林地间种

一般把林地间种叫做复合经营。从经营角度看，充分利用地力，一地多收，获取中间效益，称它为复合经营是对的。但根据间种的主要目的和它所起到的根本作用，应该把林地间种措施纳入林地土壤培肥的范畴。间种所获收益，只是对采取土壤培肥措施的一种激励而已。

造林的宽行距配置方式就是为间种创造条件。连续多年间种，可以实施较长时间的土壤培肥，获得更佳的改土效果。

间种是在造林后的行间里实施。6～8m的行距可连续间种3～4年。第一年应种大豆、花生等豆科类矮棵作物，二年后再种高棵。有些经营者还间种高蛋白的饲草，用以喂鹅、养猪，做到了林、草、牧结合。也有在郁闭度较大的林分中种植菇类、耐荫草药的尝试。间种者为获取高收入，必须铲、趟、施肥，进行细致的管理，从而在客观上就达到了土壤培肥的目的。例如盖州市龙湾村80年代间种的棉花获得皮棉800kg/hm^{2}的高产；间种西瓜，施大水、大肥，不仅收入高，而且林木长势非常旺盛。美国密西根大学教授巴恩思先生参观了辽宁省的大面积间种之后，认为间种是难得的土壤培肥措施，对此大加赞赏。

4.1.2 松土、除草

林地间种过程中，已经取代了绝大部分的林地松土除草工作。剩下的树行内各株间杂草也一定要及时铲除。杂草是与幼林竞争土壤养分与水分的劲敌，清除杂草，可以减少土壤养分、水的消耗。松土可切断毛管水上升到地表的通道，减少地面蒸发，改善表层土壤理化性质。幼林1～3年内，林间要保持无杂草丛生。第一年至少除草3次，第二、三年可以保持两次。除草要及时，除早、除小、除了。

4.1.3 中耕翻耙

中耕翻耙是松土除草的继续。待林地间种结束，就应该在行间机械深翻，并且用圆盘伐耙将土伐耙碎。这项工作每年都要进行一次。最佳时间为立冬前后完成。当幼林长到3、4年生时，林地内已经盘根错节，根系从土壤汲取大量的水分，使土壤板结。通过这项措施，疏松土壤，提高土壤孔隙度，大大提高土壤对自然降水（雨、雪）的储蓄能力，从而提高了含水量，同时，翻耙时将落叶一起翻入土中，把叶片从土壤吸收的无机元素返还土中。据测定，杨树叶子含有的N、P、K等矿质元素比木材、树皮分别高出13倍和6倍。落叶归根还土，不光是回收了无机养分，当叶片在土中腐烂，又增加了土壤有机质含量。疏松的土壤为气体交换创造了条件，为好气性细菌提供了有利的生存场所和加速繁殖的良好环境，促进了有效养分的转化。据法国对 I-214 杨的试验，9 年生连续松土除草，平均胸径 28.9cm，前 5 年粗放管理，后 4 年中耕松土，平均胸径为 19.4cm，粗放弃管的 9 年生平均胸径 11.7cm。由此可见，这一措施对提高林分产量多么重要。

4.1.4　施肥灌水

施肥是防止土壤衰退，补足土壤养分，满足林木生长对肥料需求的一项育林措施。许多国家早已致力于这方面研究。中国于 70 年代开始在这个领域里深入研究与探讨，取得了一些成果。国家造林项目制订过一个适用于长江中下游和黄淮平原区的“主要树种丰产林施肥方案（试行）”，其他广大地区都没有杨树施肥的可靠依据。可以说许多地方的杨树施肥，不论是施肥量还是施肥方法都带有很大的盲目性。辽宁省杨树研究所对杨树丰产林幼林进行多年、多点、多因子的追施化肥试验，得出这样一个结论：在采取林地间种措施的幼林阶段，追肥无效。因为通过间种已为林地补充了足够的无机盐类，加之间种的改土作用，完全可以满足林木对肥料需要。这一点已经被大量的生产实践所证明，成为一家之说。成林施肥试验和实践不多，国内外众说纷纭。追施肥料是个十分复杂的问题，在没有制订出不同地区、不同土壤类型的施肥标准之前，凭想当然追施肥料，都不会是很科学的。这是一个应该进行深入研究的大课题。

杨树对水分的消耗量很大，只有充足的土壤水分，林木才能旺盛生长。土壤缺水时，灌溉的效果很明显。省杨树研究所在龙湾进行的追肥灌水正交试验结果：灌水 3 次，当年林木胸径生长提高 14%，单株材积蓄积量都增长了 23.4%。由于灌水成本太高，当时的杨木价格很便宜，增产却没增收，当然现在情况就大不相同了。

根据辽宁的气候特点，对杨树速生丰产林灌水是必要的，也应当提倡。但这也要因地制宜，只有具备灌水条件的地方，方可采取此项措施。根据山东临沂地区杨树材积生长与供水关系的分析，杨树速生丰产林年供水理论的下限约为 800mm（包括降水量），每年至少应灌水 3～4 次。灌水量（t/hm^2）＝10 000×（田间持水量－当时土壤含水率）×土壤容重×预定湿润层厚度。

4.2　林木抚育管理

搞好林木抚育管理，是林木速生、丰产、优质和林分稳定的保障措施。特别是 1、2 年生幼树，更需格外精心。加强林木抚育管理，对林相整齐、促进生长、树干通直、提高出材率、提高抵御病虫害能力等都起到极大的影响作用。

4.2.1　定株

由于根桩苗造林，须从根桩上萌发新条形成树干。造林后第一年春天，从桩上萌发数个新枝条，当这些萌条长到 30～40cm 时，选取在桩上着生部位靠下，生长健壮，顶端优势突出的一个萌条培养主干，其余萌条全部剪掉。这个工序谓之定株。定株后在当年的生长过程中，凡株干上出现萌条，就及时摘除，避免形成侧枝。

4.2.2　除萌

4.2.2.1　清除幼干上的萌条

栽植后第二年春天，幼干上的每个芽都会萌发出新条，形成侧枝。当这些萌芽伸长到 5～8cm 时，将干高 2/3 处以下的所有萌芽用手全部捋掉。留取以上 1/3 的部分形成树冠。除萌时间要严格掌握，如果除萌过晚，萌条木质化时再捋容易撕裂树皮。用剪刀剪，既费工时又容易使剪口处浸染病虫害。

4.2.2.2 清除修枝切口处的萌条

林木修枝后，有些品种会在修枝切口周围萌生出几个芽，甚至于十几个萌芽，如小钻杨类。如不及时清除，就形成了簇丛状侧枝，严重影响干材质量。所以凡在修枝切口处长出萌条就及时除掉，一个不留。

4.2.3 修枝

4.2.3.1 修枝的作用　修枝是培育无节优质良材，减小树木的尖削度，提高树干圆满度和出材率，减少林木自身的能量消耗，改变林冠下的光照条件，促进材积增长的重要技术措施。

4.2.3.2 修枝的方法

（1）在第一年生长结束后，对某些顶端优势弱而侧枝优势强的植株，进行抑强扶弱，剪掉或短截竞争枝，剪掉双杈枝、多头枝、卡脖枝，促进通直主干的形成。有些资料称这一作业为整形。2 年生时，整形工作还应继续。

（2）杨树一般都有比较明显的层枝性特点，第三年生长结束，林分已经形成两层枝杈的树冠，这时就应该进行修枝，剪掉第一层枝。第五年生长结束后，剪掉第二层枝。轮伐期较长的，也就是培育大径材的林分，在第七年生长结束后，剪掉第三层枝。这样就可以确保 8～10m 的干材没有枝杈、没有疤节、材质优良。修枝时间应在冬季，林木处于深度休眠状态时最好，即冬至到第 2 年立春。修枝工具要锋锐，修枝后不留茬桩，切口面积越小越好，切口要光滑。这一方法也是省杨树研究所的试验成果。它打破了按高、冠比例修枝的传统方法，容易掌握、操作简单、强度较大、效果明显。

4.2.4 病虫害防治

杨树病虫害种类较多，从苗期到成林都有遭受病虫害威胁的可能性。欲保证林分的稳定性，达到杨树速生丰产林培育的最终目标，对病虫害的防治一定不可放松。《中华人民共和国森林病虫害防治条例》中明确指出：“森林病虫害防治实行预防为主，综合治理的方针”。病虫害防治的基本原则就是：以生态学理论为依据，采取营林措施为基础的综合防治，以保持和改善生态平衡。综合防治包括检疫检查、预测预报和林业技术中的良种壮苗、科学造林、适地适树、合理安排树种比例、及时修枝、抚育以及生物的、化学的、物理的各种措施进行合理安排，使其相互协调、互为补充。综合防治体现了预防为主、自然控制和积极消灭三者的统一。

杨树速生丰产林的集约经营技术措施，就是综合防治的良好营林基础。它对预防为主、自然控制起到了积极的作用，减少了病虫害发生机率，降低了病虫危害程度。但是，杨树速生丰产林都是纯林，纯林工程是个脆弱工程，造就了脆弱的生态环境。一旦出现了某种菌类或虫类等有害生物的大发生，立即就会使暂时平衡的生态环境失调，造成林分减产，林木质量下降，降低木材的利用价值，就可想而知了。如果不积极消灭，严重时会使整个林分毁灭。如要迅速而彻底的根治，经营者必须了解和掌握各种病虫的习性和发生规律，抓住防治适期，集中力量、集中时间，采取最有力的措施，治早、治了。具体方法参看第 14 章。

4.2.5 抚育间伐

抚育间伐对针叶人工林是必不可少而且相当重要的技术措施，对杨树而言却不如此。许多研究证明，杨树间伐很难获得理想结果。省杨树研究所对沙兰杨的抚育间伐搞了 7 年试验。对 2m×3m 的林分，在 3 年生和 5 年生时进行间伐，这两种不同年限的间伐，其间伐强度均为 50%，把株行距调整为 4m × 6m。到 7 年生时进行保留木测试，与初植密度为 4m × 6m 的对照区相比，檩材出材量后者分别是前两者的 1.82 倍和 4.37 倍。中国林业科学研究院在山东省进行的间伐试验结论是：2m × 3m 和 2m × 5m 等高密度林分间伐后，其保留木直径增粗较少，效果不大。大量的生产实践都证明了靠间伐获得丰产是难以实现的。而且间伐越晚，效果越差。因此，抚育间伐不能作为集约栽培杨树用材林的技术措施。

目前省内还有许多栽培密度较大的杨树人工林，对那些还处于幼林阶段的密林，如果因某种原因改变经营方向不作为纸浆林经营，应尽早采取抚育间伐措施，间伐强度要大，一次性间伐开。尽管得不到理想的丰产效果，也不至于成为低产林。但采伐时间需要延长一些年限。这一补救措施还是可行的。

三、杨树速生丰产林的开发与工程建设

杨树速生丰产林的大面积开发和工程建设，表明了辽宁杨树集约栽培由点到面稳定发展，为以杨树为主要原料，加速林纸一体化建设的全新发展阶段创造了基础条件。

1　以科技为先导，实施杨树速生丰产林的大面积开发

1.1　实行合同制，进行合作开发的尝试

十一届三中全会之后，改革开放的春风唤醒了辽宁大地。1980 年，在辽宁省林业厅的主持下，首批鉴定了沙兰杨、健杨在辽宁引种等 6 项杨树科研成果。为了促进科研成果尽快转化为生产力，在省林业厅的领导和支持下，开展了以推广沙兰杨、健杨等新品种和集约栽培技术的中试为主要内容的杨树速生丰产林开发工作，并且获得省建设委员会的大力资助。同时省科学技术委员会下达了千亩杨树速生丰产林开发项目和原林业部下达了沙兰杨推广项目。这 3 个项目同时实施。从 1981 ~ 1984 年，在海城市 6 个乡镇、辽阳县小北河镇、盖县 2 个乡及锦县国营大凌河林场，共营造高标准杨树速生丰产林 1067hm^2，取得了理想的示范作用。在沈阳以南的半岛地区和沈山铁路沿线及其以东地区，沙兰杨、健杨杨树速生丰产林辐射面积达 2 万 hm^2，积累了宝贵的集约栽培杨树速生丰产林的技术和管理经验。辽宁省不仅在原林业部的科技会议上作了经验介绍，而且还获得了农业部、原林业部、原国家科学技术委员会和原国家经济贸易委员会的嘉奖。保证开发成功的主要因素有以下几个方面。

1.1.1　实行合同制是完成开发任务的法律保证

造林当时农村仍处于集体所有制经济体制时期。签订合同，合作造林，还是新生事物，迈出林业体制改革的第一步。合作双方签订了几百份合作合同，林权归属合作双方共有，利益共享，风险共担。科研单位提供资金和负责技术，享有获利份额的 20% ~ 40%，生产单位提供土地和劳力，按技术方案进行技术和生产管理，享有获利份额的 60% ~ 80%。合同明确规定了双方各自的职责和任务。具有法律效应的合同激励和约束合作双方，确保了开发工作自始至终地沿着正常轨道运行。这种合同制形式的合作造林，对社会的影响很大，许多地方纷纷效仿，至今仍在延续。

1.1.2　成立开发工作领导小组是完成开发任务的组织保证

领导小组的成员主要是开发项目所在地的县（市）林业局和乡镇的主要领导。在合同规定的框架内，各司其职，各负其责。在他们的领导、组织和协调下，这项工作几乎没有出

现什么差错。

1.1.3 充足的开发资金是开发工作的物质保证

整个开发任务获得省建设委员会投资90万元，省科学技术委员会拨付试验经费20万元，原林业部下拨推广经费18万元。开发资金按生产环节及时拨付到位，确保开发任务顺利实施。

1.1.4 培训农民骨干队伍是提高林分质量的技术保证

凡是参与开发的村民，都必须选拔有一定文化知识和生产技能的青年农民参加技术培训。由科技人员负责技术讲座，根据不同生产环节讲述相应的技术内容，把技术培训班办到田间地头，做到了理论联系实际，每年都要进行数次培训。培养了一批农民技术员，有的还被评为林业助理工程师。由于他们在生产活动中亲自带领指导和检查，使抚育、防虫等各个生产环节不出漏洞，保证了质量要求。

开发的成功标志是取得了明显的经济效益、生态效益和社会效益。辽宁省没有杨树速生丰产林的地方标准，省里提出的丰产指标是欧美杨类年均蓄积生长量为$15m^3/hm^2$。而这些新开发的林分，其年均蓄积生长量全在$15m^3/hm^2$以上，比一般林分增长了一倍以上，而且轮伐期缩短了一半，这是辽宁省前所未有的。产量最高的是盖县龙湾村12年生沙兰杨速生丰产林，年均蓄积生长量达到$27.5\ m^3/hm^2$，超过了国家标准（华北地区沙兰杨$20.45\ m^3/hm^2$）的34.48%，是省内规定指标的1.77倍。

这些林分都分布在沿河岸，对防风、固沙、护堤等都起到了良好的作用。同时禽鸟类、野兔等野生动物的种类和数量也有一定幅度的增长，促进了物种多样化。

由于林分集中连片，长势旺盛，雄伟壮观，成为集约栽培的榜样，吸引了省内外不少科技人员，甚至于国外友人的参观、考察。接待过省内各级林业会议参观、省内外专家学者参观考察等达数千人次。还接待了国际杨树委员会第十八届会议北方组4个国家的专家、学者参观、考察。对促进全省杨树用材林集约栽培起到了不可估量的推动作用。

1.2 改造低质低产林，建立纸浆林示范基地

随着国民经济的快速发展，杨树作为工业原料的集约栽培定向培育势在必行。省林业厅“八·五”林业规划已经提出建立杨树纸浆林基地。90年代伊始便选定了金城造纸总公司毗邻的金城原种场林场作为试点，进行杨树纸浆林示范基地建设，以期取得杨树纸浆林的栽培技术、管理和基地建设的经验，为大面积营造杨树纸浆林提供科学依据。该林场有林地面积670 hm^2，全部是杨树。其中60%以上是20～30多年生的杨树低质低产林分，单位面积蓄积量只有50～80 m^3/hm^2，林木的疤节多，虫口密度大。对这些林分进行彻底改造，全部更换为杨树新品种，很快营建起300多hm^2的高标准杨树纸浆示范林。在基地建设过程中，开展了大量的试验和科研工作，先后取得了杨树造纸林栽培技术的研究和杨树纸浆林优化栽培模式两项科研成果，分别荣获原林业部和辽宁省政府的科技进步三等奖。通过对制浆、造纸性能的测定，认定了辽宁杨、荷兰3930杨等优良无性系是彩色胶印铜板纸的最佳原料。

采用优化栽培模式定向培育的杨树纸浆林，6～8年主伐，纸浆材的出材量超过150 m^3/hm^2。而且林地间种收益基本上可以抵消营林费用。营林时间短、见效快、利用率高，很快被群众所接受。所以，示范基地的示范作用立竿见影。以金城造纸总公司为中心，在半径150km的范围内，许多农村把营造杨树纸浆林作为农业产业结构调整的内容。估计到2010年，将有近万公顷的杨树纸浆林应运而生。更重要的是对辽宁省实现林纸一体化，大规模营

造杨树纸浆林提供了比较科学的经营模式。

1.3　实施国家造林项目，提高了全省杨树速生丰产林的管理水平

由世界银行支持的国家造林项目第二期工程从1996年开始，辽宁省是世界银行贷款造林项目二期工程的省份之一。项目规划了11个县，从1996~2000年，共营造杨树速生丰产林2万hm^2。该项目的实施，与以往的杨树速生丰产林建设相比，其规模最大，质量最好，管理水平最高。

该项目由省、市、县建立的世界银行贷款造林项目办公室负责管理，林业科研单位作为技术依托参与项目工作。对项目进行了全面的规划设计，建立了完整的技术档案，形成了比较严格的运行机制，实现了集约栽培的规范化管理。在项目实施过程中，制订了地方标准——杨树人工林集约经营技术DB21/T-927-1997（见附件）。从此，辽宁杨树用材林的经营便有章可循。项目采用的杨树良种，均按辽宁的杨树生态区划，分别立地条件，具体设计了杨树大径级材和中小径级材不同材种的用材林。项目的龙头作用影响和带动了全省杨树造林的技术进步。这是一次全面的杨树集约栽培技术的大普及，从而告别了杨树用材林粗放经营的历史。2000年11月，“辽宁杨等优良品种及其集约经营技术的推广”项目获得辽宁省政府科技进步一等奖。

2　以市场需求为导向，杨树速生丰产林基地建设工程全面启动

跨入21世纪，辽宁的林业建设与全国同步，开始了历史性的转变，进入了跨越式发展的全新时期。整个林业实施6大建设工程，速生用材林基地建设工程就是其中之一，其他5大工程都是生态建设工程，以获得生态效益和社会效益为主要目的。速生用材林基地建设工程是解决木材供需矛盾，以生产木材和林产品为主要目标的惟一具有产业性质的工程。它以市场需求为导向，以追求最大经济效益为宗旨，依靠科技进步，提高集约经营水平，实行市场化运作、企业化管理。《辽宁省林业“十五”计划和到2010年发展规划》及《辽宁省林业产业发展纲要》，规划了在中西南部40个县（市、区），建设杨树、落叶松速生丰产林30万hm^2，其中杨树25万hm^2，实现用材林向中西部战略转移。杨树速生丰产林基地建设的重点是沈阳、鞍山、锦州、阜新、辽阳、铁岭、朝阳、葫芦岛等8个市、26个县（市、区），共营建杨树速生丰产林13.33万hm^2。通过定向培育、定向利用，推进基地建设的产业化，加快林纸一体化建设步伐。把杨树用材林基地建设成为造纸厂、人造板厂的第一车间，走贸工林一体化、产供销一条龙的产业道路。

杨树速生丰产林基地建设工程是一个比较庞大的产业性工程，为了探索工程建设的经验，提高工程建设的科技含量和工程质量，实行科研部门与地方部门组织联合攻关，点上示范，全面推进，把具体经验总结推广到全局性工作上来，达到促进杨树速生丰产林在规模、质量和效益等方面再创新水平，再上新台阶。辽宁省林业厅于2001年在辽西地区建立了杨树速生丰产林基地建设示范区，示范区范围包括大小凌河、绕阳河、沙河流域的凌海市、义县、黑山县、北宁市。由辽宁省杨树研究所提供技术支持，进行了科学的基地建设规划设计，制订了详实的实施方案。利用省杨树研究所在杨树良种选育和栽培技术方面取得的先进成果和可靠经验，重点推广具有国际先进水平的抗病速生的辽宁杨、辽河杨、盖杨3个美洲黑杨杂交种，重点开发定向培育纸浆林及大径材用材林培育技术等。规划了5年内营造杨树速生丰产林1.27万hm^2，营造公益生态型速生林4000hm^2。采取股份合作形式，实行资源的

优化配置，建成与保护天然林相配套的新的用材林基地和防护林屏障。这一示范区的建成，不仅带动了辽西地区既有的8万hm^2杨树速生丰产林建设，而且为全省整个杨树速生丰产林基地建设工程吹响了前奏曲。

在深化林业改革措施的落实和优惠林业政策的调动下，人们以极大热情投入到速生丰产林基地建设工程中来。非公有制林业经济出现了良好发展势头，初步形成了林地使用流转和活立木转让市场。数以千计的规模较大、水平较高的造林、营林大户，辐射带动了千家万户掀起营造杨树速生丰产林的热潮。省内已有十几家专营杨树的大公司，采取独资、合资、股份制等形式，参与工程建设。"公司+基地+农户"的营林模式正在形成。同时也吸引了外资企业纷至沓来，促进了林产品加工业的发展且加速了林纸一体化进程。

四、杨树用材林栽培模式及效益分析

随着林业体制的改革，辽宁杨树产业迅猛发展。林权证制度实施后，活立木转让市场活跃。由于活立木转让市场不规范，出现活立木交易价格背离实际的现象，直接影响转让者的经济效益，带来了转让风险大的弊病。根据多年的杨树区域试验数据，结合辽宁省各地的生产实践，对在辽宁省进行杨树速生丰产林投资的经济效益进行了分析，为活立木转让市场提供有价值的依据。

1 影响杨树产量及经济效益的因素及分类

影响杨树林分生长的主要因素有立地条件、栽培品种、营林水平和密度配置方式。根据辽宁省的实际情况，把主要影响因素分为4类。

1.1 立地条件A

较好的立地条件（A1）：年均气温8℃以上，年均降雨量大于600mm，无霜期大于等于160d。土壤有机质含量大于等于1%，土层厚度大于等于1m，沙壤至轻壤土，pH值在7.0~8.0，土壤水分条件较好，地下水位1~2m。

一般的立地条件（A2）：年均气温7.5℃以上，年均降雨量500~600mm，无霜期150~160d，地势平坦，土壤有机质含量大于等于0.6%，土层厚度大于等于0.7m，质地沙壤至中壤，pH值7.0~8.5，立地条件整体上达不到A1水平。

1.2 栽培品种B

营造杨树速生丰产林应根据适地适树的原则选择适宜的速生品种，用传统品种（如小钻杨、锦新杨）按照密植的栽培方式营造速生林不能达到目前的速生丰产林指标。辽宁省主栽的速生品种有辽宁杨、辽河杨、盖杨、荷兰3930杨、3016杨、辽育1号、辽育3号杨，I-214杨等，但是不同地区适宜不同的品种。

1.3 营林水平C

集约经营（C1）：集约经营以高投入、高产出、高效益为基本特征，抚育期为整个轮伐期，在经营中按照标准的营林计划进行林地管理，定期防病虫、施肥、灌水，以达到林木生长量最大化。采取的经营措施包括细致整地、施肥、灌水、间作、修枝、防病虫害等。

一般经营水平（C2）：抚育期主要在幼林阶段，一般3~5年，在经营中根据实际情况调整经营方案，一般不进行施肥和灌水。采取的经营措施包括整地、间作、修枝、防治病虫害。

粗放经营（C3）：没有林地经营管理方案，造林后很少管理，抚育以间作为主，防病虫和修枝都不及时。杨树速生丰产林经营不可以采用这种方式。

1.4　密度配置（材种）D

杨树速生丰产林要求对木材材种进行定向培育，再根据所培育目标选择造林模型，选用合适的密度配置方式。杨树材种一般分为小径材、中径材、大径材 3 种。

大径材（D1）：一般用于制造胶合板。造林时初植密度 18 ~ 21 株/亩，株行距配置一般为 4m × 8m、5m × 7m、6m × 6m 等。

中径材（D2）：用于木芯板、火柴、家具等。造林时初植密度 28 ~ 37 株/亩，株行距配置一般为 3m × 6m、4m × 5m、4m × 6m、3m × 8m 等。

小径材（D3）：多用于刨花板、纸浆材。造林时初植密度 56 ~ 111 株/亩，株行距配置一般为 1m × 6m、1.5m × 6m、(1.5m × 4m) × 8m、2m × 5m、3m × 4m 等。

2　造林与经营模型

将影响杨树产量的 A、B、C、D4 个因素进行组合，以 A、B、C3 个条件为变量，B（采用合适的速生品种）为常量，形成 4 类 12 个模型。

第一类为立地条件最好（A1）的情况下，采取集约经营（C1）方式的各材种模型，细分为 A1B C1 D1（大径材）、A1B C1 D2（中径材）、A1B C1 D3（小径材）3 个模型；

第二类为立地条件最好（A1）的情况下，选用合适品种（B）造林，经营水平一般（C2）的各材种模型，细分为 A1B C2 D1（大径材）、A1B C2 D2（中径材）、A1B C2 D3（小径材）3 个模型；

第三类为立地条件一般（A2）的情况下，选用合适品种（B）造林，采取集约经营（C1）方式的各材种模型，细分为 A2B C1 D1（大径材）、A2B C1 D2（中径材）、A2B C1 D3（小径材）3 个模型；

第四类为立地条件一般（A2）的情况下，选用合适品种（B）造林，经营水平一般（C2）的各材种模型，细分为 A2B C2 D1（大径材）、A2B C2 D2（中径材）、A2B C2 D3（小径材）3 个模型。

本文分析时采用的材种模型是：大径材（D1）株行距配置为 4m × 8m，中径材（D2）株行距配置为 4m × 6m，小径材（D3）株行距配置为 1.5m × 6m。各个模型的基础参数见表 12-1。

3　成本及效益分析方法

采用静态分析和动态分析两种方法计算投资效益。静态分析不考虑货币的时间价值，动态分析考虑时间价值。动态分析采用折现法，即把发生在不同时间的现金流量放在同一时间上考虑，按照一定的贴现率，把各个时间点的货币价值换算成现在时间的货币价值，即现值。采用的基准折现率为 6%。

为了便于实际应用，木材参考价格选用的是林地所有者销售木材时使用的立木价格，不是木材使用企业报的收购价，所以成本公式中不包括采伐费用和各种税费。

杨树速生丰产林收入构成中只有木材主伐收入，不包括间种收入。这是因为，在活立木转让时购买者更加关心最终木材产出收益数据。

（1）成本分析公式：总成本 = 地租 + 造林成本 + 营林成本

（2）收入公式：总收入 = 主伐时立木销售收入

$$P = F \cdot \frac{1}{(1+i)^{n-1}}$$

（3）复利现值计算公式：

式中：P——现值；

F——将来值；

i——贴现率；

n——年限。

4 分析结果

（1）通过分析表 12 -2，我们可以看出，集约经营的两类模型与一般经营水平的两类模型相比，在立地和品种相同情况下集约经营的收益与成本比大，在立地水平一般的情况下更加明显。这说明经营水平对投资收益影响很大，另外，营林成本在年均单位成本中所占比例不大，投资者应该通过加大营林投入的方式实现高效益。

（2）对不同立地条件相同经营水平的折现净收益进行分析可以看出，不同立地条件、相同经营水平、相同材种模型，其净收益绝对值差额在 333 ~ 18 148.5 元/ hm^2，年平均值为 576 元/ hm^2，与年地租费差额（450 元/ hm^2）大体相当。

（3）同一类造林模型，各材种的净收益与成本比的大小顺序为：大径材 > 中径材 > 小径材，各材种年均成本大小顺序为：小径材 > 中径材 > 大径材，这说明各材种投资回报率大小顺序为：大径材 > 中径材 > 小径材。

但是，对同一类造林模型而言，投资于大中小径材的平均净收益绝对值差额在 94.5 ~ 180 元/ hm^2。这说明在相同立地条件、相同经营措施的前提下，投资于各个材种的收益相近。因此，在特定立地条件下，综合考虑到投资回报率、平均折现净收益、投资回收期、间种效益、小径材市场风险等问题，建议多发展中径材集约经营模型。

（4）杨树速生林各个模型的折现净收益在 1182 ~ 2761.5 元/ hm^2，平均值 2014.5 元/ hm^2。如果不计算不成功的第 4 类模型，其他 3 类模型的折现净收益平均值为 2272.5 元/ hm^2。这一收益水平与种植农作物大体相当。

5 杨树速生用材林立地及经营现状

辽宁省最适合开发杨树速生林的地区集中在辽河、太子河、大小凌河的中下游平原地区，尤其是辽阳、海城、辽中、凌海河流两岸，适宜大规模发展杨树速生用材林，在营口、大连的部分地区也有少量平坦中性土壤适合发展杨树。以上这些地区部分可以达到 A1 立地条件，这些河流中游，如黑山、新民、义县和铁岭南部地区大部分可以达到 A2 立地条件，而气候干旱、土壤瘠薄的辽北、辽西北大部分地区适合只能营造生态林，不适合发展杨树速生用材林。

现在，辽宁省优良品种生产实践采用率约为 70%，原来老品种林分（如小钻杨林）仍然占有较大比例。采用速生品种栽培又真正达到适地适树的约为 70%，即总体上约占 50%。

沈阳至锦州一线以北地区采用的杨树速生品种有时出现冻害现象，对杨树生长和林分稳定性造成影响。

受技术和经济条件影响，目前辽宁省真正采用集约经营的杨树速生林较少，多数停留在一般经营水平（C2）、甚至粗放经营（C3）水平上，局部地区的病虫害对杨树危害很大。另外，现在辽宁杨树的材种多为中小径材，定向培育大径材的很少。

表 12-1　辽宁省杨树速生用材林 4 类 12 个造林模型参数表

造林模型		轮伐期 (a)	产　量 (m^3/ hm^2·a)	木材参考价格 (元/ m^3)	成本构成（元/hm^2·a）			成本合计 (元/hm^2·a)
					地租	造林费	营林费	
1	$A_1BC_1D_1$	12	22.5	320	1200	50.0	4800/12	1650
	$A_1BC_1D_2$	9	25.5	240	1200	83.3	3360/9	1755
	$A_1BC_1D_3$	6	31.5	180	1200	250.0	3600/6	2050
2	$A_1BC_2D_1$	13	18	320	1200	46.2	3300/13	1500
	$A_1BC_2D_2$	10	21	240	1200	75.0	2700/10	1545
	$A_1BC_2D_3$	7	27	180	1200	214.3	2550/7	1785
3	$A_2BC_1D_1$	13	18	320	750	46.2	4800/13	1170
	$A_2BC_1D_2$	10	21	240	750	75.0	4200/10	1245
	$A_2BC_1D_3$	7	27	180	750	250.0	3600/6	1485
4	$A_2BC_2D_1$	15	12	320	750	40.0	3300/15	1005
	$A_2BC_2D_2$	12	15	240	750	62.5	2700/12	1035
	$A_2BC_2D_3$	8	18	180	750	187.5	2400/8	1245

表 12-2　辽宁省杨树速生用材林 4 类 12 个造林模型经济效益分析

造林模型		预期平均净产值 (元/hm^2·a)	折现平均净产值 (元/hm^2·a)	静态平均成本合计 (元/hm^2·a)	折现平均成本合计 (元/hm^2·a)	静态平均净收益 (元/hm^2·a)	折现平均净收益 (元/hm^2·a)	静态年均净收益与成本比	折现平均净收益与成本比	静态总净收益 (元/hm^2)	折现总净收益 (元/hm^2)
1	$A_1BC_1D_1$	7200	3582.0	1650	1176.0	5550	2761.5	3.36	2.35	66 600	33 135.0
	$A_1BC_1D_2$	6120	3621.0	1755	1366.5	4365	2581.5	2.49	1.89	39 285	23 245.5
	$A_1BC_1D_3$	5670	3993.0	2055	1762.5	3615	2583.0	1.76	1.47	21 690	15 493.5
2	$A_1BC_2D_1$	5760	2704.5	1500	1042.5	4260	1999.5	2.84	1.92	55 380	25 999.5
	$A_1BC_2D_2$	5040	2815.5	1545	1171.5	3495	1953.0	2.26	1.67	34 950	19 525.5
	$A_1BC_2D_3$	4860	3240.0	1785	1486.5	3075	2050.5	1.72	1.38	21 525	14 350.5
3	$A_2BC_1D_1$	5760	2704.5	1170	813.0	4590	2155.5	3.92	2.65	59 670	28 014.0
	$A_2BC_1D_2$	5040	2815.5	1245	948.0	3795	2119.5	3.05	2.24	37 950	21 201.0
	$A_2BC_1D_3$	4860	3240.0	1485	1242.0	3375	2250.0	2.27	1.87	23 625	15 750.0
4	$A_2BC_2D_1$	3840	1600.5	1005	666.0	2835	1182.0	2.82	1.77	42 525	17 719.5
	$A_2BC_2D_2$	3600	1791.0	1035	750.0	2565	1276.5	2.48	1.70	30 780	15 313.5
	$A_2BC_2D_3$	3240	2038.5	1245	1021.5	1995	1255.5	1.60	1.23	15 960	10 038.0

第13章　杨树生态林

一、杨树生态林的发展概况

辽宁的杨树天然林由于历代的破坏，早已所剩无几，在东部山区除了少数罕见的山杨天然次生林外，还有一些沿着山地、沟谷零星分布着青杨类及其杂种，几乎都是呈散生状态，与其他树种镶嵌成混交林，其混交比例也很小。全省现有的杨树生态林都是新中国成立以来逐年培植起来的人工林。

新中国成立后，为了有效地减少风沙的危害，原辽西省人民政府根据原东北人民政府关于营造东北西部防护林带的要求，于1952年5月28日作出《关于营造防护林带的要求》，明确指出了境内防护林带的营造范围，南起山海关，北至双辽，长约570km，造林面积45万hm^2，其中农田防护林带和农田防护林网的设计面积为2.95万hm^2，受益农田面积约200万hm^2。海防林建设也同时进行了规划，海防林除辽西外，还包括大连和辽东沿海地区，西起山海关，东至鸭绿江口长达数千米，造林面积2.27万hm^2。为适应西部防护林和沿海防护林的建设的开展，原辽西和辽东两省分别成立了辽西沙荒造林局和海防林办事处，负责工程的建设和指导。到1962年，西部防护林中的农田防护林带和防护林网造林已完成造林2.86万hm^2，保存面积为2.41万hm^2。海防林建设到1962年核实营造保存面积为0.32万hm^2。这些以杨树为主的防护林的营造，由于环境恶劣、气候干燥、土壤瘠薄，加之经营管理粗放，因此形成大面积的低质、低产林。但在比较短的时期内起到了防风固沙、保持水土等巨大的生态作用。

为了从根本上改变西北、华北、东北地区风沙危害和水土流失的状况，1978年11月25日，国务院批准原林业部《关于在西北、华北、东北风沙危害和水土流失重点地区建设大型防护林的规划》，“三北”防护林工程正式启动实施。辽宁西北部的8市29个县（市、区）被列入“三北”防护林工程建设区，这个地区总面积671万hm^2，占全省土地面积的46%，工程建设规划保存面积102.7万hm^2。经过艰苦努力，“三北”防护林体系建设一期工程完成造林保存面积42.3万hm^2；二期工程完成造林保存面积54.4万hm^2；三期工程完成造林保存面积64.7万hm^2；至2004年底，四期工程完成造林25.1万hm^2。20多年的巨大心血，也获得了丰厚的生态效益：初步控制了水土流失，土壤侵蚀模数已由2500～4500t/m^2·a下降到1000～1500t/m^2·a；已营建的农田防护林9万hm^2，在科尔沁沙地南缘初步形成了一道由杨树为主的带片网结合的绿色屏障，有效地保护了10.7多万hm^2的农田。沿海防护林体系建设一期工程营造人工林24.3万hm^2；二期工程至2004年底，完成人工造林2.45万hm^2，1800多km的大陆海岸基干林带基本封闭合拢。通过防护林的建设，有效地改善了生态环境，减轻了风沙、台风等灾害的发生，保证了商品粮基地的生产和国家人民生命财产的安全。

绿色通道工程启动以来到2004年底，全省公路、铁路、河流等通过绿化达标的总里程为10 597.8km，占可绿化地段的31%。高速公路基本实现绿化。2004年省委、省政府组织开展绿化会战，确定公路、铁路绿化建设为1.03万hm^2，当年完成植树任务的50%。

2001 年，辽宁省启动了退耕还林工程。退耕还林就是从保护和改善生态环境出发，将水土流失严重的耕地，沙化、盐碱化、石漠化严重的耕地以及粮食产量低而不稳的耕地，有计划、有步骤地停止耕种，因地制宜地造林种草，恢复植被。退耕还林是减少水土流失、减轻风沙灾害、改善生态环境的有效措施，是增加农民收入、调整农村产业结构、促进地方经济发展的有效途径。至 2004 年底，退耕还林工程涉及全省 14 市 65 县（市）区，农户 57 万，共完成退耕还林 62 万 hm^2，其中退耕地还林 21.3 万 hm^2，90% 以上为杨树造林，现在早期营造的杨树退耕还林林地已经蔚然成林。通过监测结果显示：退耕还林使水土流失和土地沙化治理步伐加快；对农村土地利用结构和产业结构调整发挥重要作用；退耕还林对农民的增收效果显著。纵观全省的杨树生态林，每个林种都不是具有单一的生态功能，它们都担负着改善、保护和美化生态环境的作用。是全省整个生态体系建设中的重要组成部分，与其他生态森林一起构成比较完备的生态防护林体系雏形。

二、农田防护林

农田防护林是防护林体系建设的重要组成部分，是保护农田的屏障。一些专门从事防护林研究的专家，早已成功地研究出杨树农田防护林的一系列栽培经营管理技术，取得了宝贵的生产经验，对防风固土、改善农田小气候、保田增产作出了巨大贡献。

1　农田防护林的发展进程

辽宁省的农田防护林发展进程大体分为 3 个阶段。

第一阶段是 20 世纪 50 年代到 60 年代末，国家开始有组织有计划大规模设计营造农田防护林。原辽西省人民政府根据原东北人民政府关于营造东北西部防护林带的要求，于 1952 年 5 月 28 日作出《关于营造防护林带的要求》，明确指出了境内防护林带的营造范围，南起山海关，北至双辽，其中农田防护林带和农田防护林网的设计面积为 2.95 万 hm^2。受益农田面积约 200 万 hm^2。这期间林带结构设计经过了 3 次调整，按“因地制宜，因害设防”的原则，改变了林带结构，由原屋脊型紧密结构改为乔灌窄行的稀疏结构，或由乔木组成的通风结构；乔木树种主要为小叶杨和小青杨，灌木树种主要是紫穗槐和胡枝子。经过 3 次调整设计和营造，西部防护林中的农田防护林带和防护林网造林已完成造林 2.74 万 hm^2，占原计划的 96%。当时根据风沙的灾害程度，划分出两种设计类型和网格规格。风沙灾害轻微地区，主带距为 400～600m，一般为 500m，副带距为 1000～2000m，每个网格为 80～120hm^2；风沙较重的沙荒地区，主带距为 250～300m，副带距为 1000m，每个网格为 25～30hm^2，林带宽度为 8～11m。造林以后，由于缺乏经营管理，又遭 3 年困难时期的人为破坏，郁闭成林的仅占营造面积的 13.9%，需要补植的林带占 74.2%。鉴于上述情况，1964 年东北及内蒙古 4 省区林业科学技术协作委员会，组成了防护林科学研究会战专题组，经过考察研究，提出了“东北西部内蒙古东部农田防护林科研会战总结”，在防护林规划设计中，重新进行了类型区的划分，并对林带的恢复与休整、抚育与管理等一系列问题，提出了具体的技术措施。辽宁省的林带设计与营造工作，是不断克服各种偏向、总结经验、修改设计方案，逐渐趋于合理的。林带建设水平在实践中逐步得到提高，向科学化、合理化，适应本省的特点迈进了一大步。

第二阶段是20世纪70年代以来以实现山水林田综合治理，农、林、渠、路、机、电统一规划，把农田防护林设计纳入农业总体规划阶段。随农业发展，农田基本建设规模越来越大，标准越来越高，很多地区把农田林网的设计营造，作为农业基本建设的重要组成部分，做到山水林田综合治理，农、林、渠、路、机、电相结合，统筹规划，全面安排。一般按机耕和灌水的能力、风沙灾害的大小，根据因地制宜、因害设防的原则，统一规划方田面积。方田四周配置林带，路渠设在林带两侧，合理安排机井和输电线路，这样即减少林带威胁，少占耕地，又有利于林木的生长和保护。营造的方田林网，一般采用400m×400m，500m×500m或600m×600m的主副带距。林带宽度一般在6~10m，带内栽植4行乔木，个别的6~9行，株行距1m×2m或2m×2m。树种多采用杨树，个别地段栽植樟子松和油松，栽植或不栽植灌木，形成稀疏或通风结构。按设计营造的防护林，由于设计合理，选择树种得当，抚育及时，一般都一次造林成型，造林速度快，质量好。这个阶段在规模上由一个村一个乡，向着几个乡，甚至一个县的大面积连片发展，在地域上农田防护林已从原来农业生产地区的边缘地带，扩大到广大平原地区，在规划上已从单纯的林带设计，扩大到农田基本建设各项工程的统筹安排。这个时期的农田防护林的建设为现代化农业的发展奠定了初步基础。

第三阶段是建立防护林体系，改善生态环境，提高防护林总体效益阶段。为了从根本上改变西北、华北、东北地区风沙危害和水土流失的状况，1978年11月25日，国务院批准林业部《关于在西北、华北、东北风沙危害和水土流失重点地区建设大型防护林的规划》，“三北”防护林工程正式启动实施。辽宁西北部的8市29个县（市、区）被列入“三北”防护林工程建设区，这个地区总面积671万hm^2，占全省土地面积的46%，工程建设规划保存面积102.7万hm^2。经过艰苦努力，“三北”防护林体系建设一期工程完成造林保存面积42.3万hm^2；二期工程完成造林保存面积54.4万hm^2；三期工程完成造林保存面积64.7万hm^2；至2004年底，4期工程完成造林25.1万hm^2。20多年的巨大心血，也获得了丰厚的生态效益：初步控制了水土流失，土壤侵蚀模数已由2500~4500t/m^2·a下降到1000~1500t/hm^2·a；已营建的农田防护林9万hm^2，在科尔沁沙地南缘初步形成了一道由杨树为主的带片网结合的绿色屏障，有效地保护了10.7多万hm^2的农田。为改善西部、西北部地区生态环境，维护生态平衡，建立稳产高产的农牧业生产基地打下良好基础。

2 农田防护林的效益

2.1 降低风速，改善小气候条件

降低风速是农田防护林的重要作用之一。在前进的气流遇到林带阻挡时，一部分从林带上部越过，另一部分则从林带内部穿过。气流受到树干和树叶的阻挡又被分成几股小气流，它们之间互相摩擦，消耗了大量动能，这部分气流在林带背风面又与上方越过的气流相遇，进一步抵消，致使风速降低。林带的迎风面和背风面都能降低风速，其有效的保护区，通常是15~25倍树高，在20倍树高处，平均风速可降低20%~30%。

由于林带降低了风速，削弱了气流交换，这样使下层湿润气体保持在带间地面的时间比较长，对其他的小气候因子也有明显的良好影响。研究证明，林带能使被保护农田的蒸发量平均降低10%~30%，使空气相对湿度提高1%~10%，林带对气温有一定的调节作用，在保护区内一般可使温度提高1~2℃。而当外部寒流入侵时，在林带保护下的农田不致大幅

度降温，减轻冻害。春季林带的增温作用，可使土壤的翻浆提前，对农作物的生产非常有利。

2.2 保持水土，维持地力

在干旱风沙地区，由于风蚀，土壤细粒及腐殖质易被吹失，土壤肥力逐渐下降；严重的风蚀是西部地区土壤贫瘠、地力下降的主要原因。据沈阳农业大学的调查数据，在防护林的保护下，带间土壤的物理黏粒（粒级小于0.01mm）所占的百分比有很大的增加。在风沙危害区，可提高50%～160%，有机质含量可提高15%～100%，风速越大，提高效益越强，防护林带在20倍树高内的护土效果最为显著。

2.3 提高作物产量、质量，增加效益

农田防护林为农作物生长发育创造了良好条件，尤其在条件恶劣、风沙危害严重地区，效果更为显著。在林带的保护下，作物的发育期一般都较无林带提前几天，成熟期能提前2～5d，秋季成熟早，可避免早霜的危害，为推广生育期较长的新品种和高产作物创造了条件。同时作物秸棵高壮，叶子宽厚，色泽浓绿。据中国科学院生态研究所测定，林带防护区作物的千粒重平均增加41.1%，作物的糖、蛋白质含量提高2倍，质量有明显改善，平均产量也可提高10%～30%。

3 农田防护林的规划

3.1 规划原则

50多年来营造防护林的历史证明，本着“因地制宜，因害设防”结合地方自然灾害的程度和农业耕作的特点，采取山、水、林、田综合治理，林、田、路、渠紧密配合，统一规划，建立防护林体系，是规划农田防护林的原则。

3.2 林带结构类型

按照疏透度的大小和不同层次疏透结构的差异可以将林带分为3种基本结构类型。每种类型适于营造不同防护作用的林带，为了取得最大的防护效果，应该因地制宜地选择林带类型。

3.2.1 紧密结构林带

其结构上的主要特征是林带较宽，枝叶上下都很稠密，由乔木和灌木树种组成，形成多层林冠，林带纵断面极少透光或不透光，疏透度几乎为零，透风系数小于0.3。其特点是像一堵墙，防护距离较小，最小风速发生在林带背风面1倍树高处，其风速仅相当于旷野风速的10%，有效防护范围在10～15倍树高的范围内。紧密结构林带不适合于农田防护林，适用于阻止流沙前进的防风固沙林带、水土保持林带、果园林带、苗圃林带、护路林带等要求防护范围较近、要求又较高的防护区域。

3.2.2 疏透结构林带

其结构上的主要特征是林带较窄，林带纵断面上下都有均匀的透光空隙，通常由几行乔木，两侧再各配置一行灌木组成，有时虽然不配置灌木，但乔木下部必须保留足够的侧枝。其疏透度在0.1～0.2左右，透风系数为0.3～0.5。最低风速出现在林带后3～5倍树高范围内，有效防护范围在20倍树高之内。

3.2.3 通风结构林带

其结构上的主要特征是林带的上部较紧密，下部透风。一般只由几行乔木组成，没有下

木。疏透度在0.2~0.4左右，透风系数大于0.5。特点是在林缘附近仍然保持着与旷野相近的风速，其最低风速出现在5~10倍树高范围内。其恢复风速比较慢，有效防护距离可以达到25倍树高的范围。在一般风害地区均可以采用通风结构，其防护效果大于其他结构，尤其是在主风不垂直于林带时。但是，由于在带内和林缘附近的风速很大，容易引起风蚀，因此在风沙危害严重的地区不宜采用。

3.3 林带的带距

辽宁西部风害严重地区，风速常达9~10m/s以上，林带应以减低风速在起沙速值以下作为有效防护指标，要求距离为20倍树高。因此，在严重风沙危害区，主林带的带距宜为200~300m，副林带带距500~600m；在一般风沙危害区，主林带为400~500m，副带距为500~1000m。而在轻风害区则应以减低风速10%作为防护指标，主带距600m，副带距600~1000m（表13-1）。

表13-1 辽宁农田防护林类型区划和林带规格设计表

类型	特 征	带宽（m）	带距（m）	结构
严重风沙区	有一定面积流沙，半固定及固定沙丘，土壤以沙土、粉沙土为主，肥力差。农作物易遭风剥沙压，造成减产	主带10~13 副带7~11	200~300 500~600	稀疏结构 6~9行或5~7行
风沙区	地势较平坦，土壤为河淤土、沙壤土，气候干旱多风，风蚀表土	主带7~11 副带5~10	400~500 500~1000	稀疏结构 5~7行或4~6行
风害区	地势平坦，风害较轻，以褐土为主	主带5~7 副带3~6	500~600 600~1000	通风结构 3~5行或2~3行

4 农田防护林营造及管理

4.1 树种选择

目前在辽宁省西北、中部地区的防护林体系建设中，杨树仍占很大比重。应选择容易繁殖、适应性强、直根性、窄冠型的杨树品种，并要适地适树，根据不同的立地条件可适当选择青杨派和黑杨派品种，如窄冠银中杨、新疆杨、小钻杨、107杨、108杨、荷兰3016杨等。当然杨树也有其局限性，在通气不良的粘重土壤上，在地下水位埋藏很深的坡地上和次生盐渍化较严重的地段，还可选择白榆、刺槐、樟子松、油松等树种，也可以使用杨树与白榆、刺槐混交方式造林。

4.2 密度配置

使用青杨派树种或以青杨派为亲本的杂种无性系营造农田防护林时，初植密度可稍大一些，可用2m×2m或2m×3m的株行距，品字形配置，密植可以使林带尽快起防护作用，但必须适时调整，逐步疏伐。使用黑杨派树种或欧美杨杂种无性系时，则应稀植，株行距不应小于3m×3m。

在乔木林带两侧可采取1m×1m株行距种植一行或数行灌木，如紫穗槐等。也可不种植灌木。

4.3 抚育管理

在林带栽植后的最初2~3年要加强灌溉、追肥、松土、除草及病虫害防治，以后每年最少也应进行一次松土。从防护效果看，林带可以不修枝，或最多只及时截去那些影响树木正常生长的侧枝，从木材利用看，林带木材主要用于农村民用建筑，不修枝对木材质量影响也不大，只是农村多数缺少烧柴，修枝可以解决一部分燃料问题。目前许多地方存在的问题是修枝强度过大，严重影响树木生长，农村燃料问题应主要从营造薪炭林解决。

4.4　减轻林带胁地的方法

林带的胁地范围大致为树高的 1 ~ 1.5 倍，一般减产 50%。主要原因是树冠遮荫，减少光照和树木根系强烈吸收土壤中的水分和养分。主要有以下方法减轻胁地。

(1) 根据林带胁地“阴面重，阳面轻”的规律，林带设置在水渠和道路的南和西侧为宜。

(2) 挖隔离沟，在林带的外缘 2 ~ 3m 处，挖 0.4 ~ 0.7m 深、0.4 ~ 0.6m 宽的隔离沟，切断伸向农田的树木根系，防止吸收农田的水分及养分。

(3) 调整林缘地段种植作物种类，靠近林带的地方，种植耐荫、耐旱和生育期短的作物。为提高产量，可加强土壤耕作和水肥管理。

4.5　农田防护林的更新

目前农田防护林的更新方法有以下几种。

4.5.1　带侧更新

即在要伐除的林带的一侧栽植新林带，待新林带长成并发挥防护作用时，再伐去原来老林带，然后将采伐迹地加以利用，又称滚带法。这种方法优点是能切实保证防护林更新，防护效益不至于降低太大。缺点是防护林换地更新困难，在一定时间内增加了林地面积，适用于窄林带更新。

4.5.2　隔带更新

即在一定区域内，隔一条或数条林带伐去一条林带，伐后采用根蘖法或嫁接法，也可立即栽植大苗，待新林带形成正常防护能力后，再采伐与之相邻的老林带。此法不多占耕地，但会有部分土地在一定时期失去防护，适用于带距较小的林带更新。

4.5.3　半带更新

在路、渠两侧林带多是多行林带，常为对称布局，可以实行半边轮换更新。先伐路、渠一侧林带，待新植林带长到轮伐期的一半时，再采伐另一侧林带，循环采伐更新。此法适用于路渠两侧的林带和带宽较大的林带。

4.5.4　带间更新

即在两条老林带间营造一条新林带，当更新的林带成林后，再将老林带伐除。此法变大网格为小网格，扩大了防护范围，适用于大网格、防护作用较低的防护林带更新。

三、防风固沙林

1　辽宁沙地概况

辽宁省境内沙地可分内陆沙地、沿河沙地和沿海沙地。较集中地分布西北部的为内陆沙地，是科尔沁沙地的一部分，面积达 7.3 万 hm^2。因受海洋湿润气候的影响，比其他沙区有较为优越的降水条件。植物生长条件较好，植被遭破坏后容易恢复。目前基本上保持着以固定和半固定沙地的自然景观，流动沙地只是斑点状零星分布，不到沙地总面积的 10%。

沿河沙地全省面积不过 3.3 万 hm^2 左右，分布在辽河、大小凌河等水系及其支流的河岸阶地上，分布零星，每块面积不大。在洪水泛滥年份，继续形成新的流沙地。这样的沙地的水分条件较好，比内陆沙地较好治理，目前较大部分用作造林地。沿海沙地在辽宁省仅渤海沿岸有断断续续的分布，面积不足 0.67hm^2。因为沙地的机械组成中粗、中粒沙约占 40%，风沙的移动性相对较差。

2　防风固沙林的现状

内陆沙地的立地条件较差，新中国成立以来在“坨”、“沼”地上大量栽植了小叶杨、小青杨和榆树等阔叶树种，一般生长不良，30 年生的小叶杨、小青杨树高不足 10m。在“甸子地”上栽植的杨树，立地条件好些，生长较好，如小青杨 30 年生胸径可达 35cm，树高达到 15m。70 ~ 80 年代以后引入樟子松造林，在不同立地条件下生长较好。现在辽西北地区营造较多的是樟子松和杨树的固沙林。

20 世纪 80 年代以前在沿河沙地和沿海沙地多营造以小叶杨、小青杨为主的防风固沙林。在彰武县境内的柳河沿岸，尚存有稀疏的近熟的杨树林，虽不成材，但发挥的生态作用不可低估。现在这类沙地上大多营造了生态和经济型的速生杨防风固沙林，此外还有一些营造刺槐的固沙林，生长也较好。个别地段栽植油松和樟子松等，表现也较好。

3　防风固沙林的主要营造技术

防风固沙林应具有防护和经济的多重意义，设置在不同的地方有着不同的作用，在沿海沙地营造的防风固沙林，既有海防林的作用，又是沿海固沙林；沿河沙地的防风固沙林，起着护岸林和防风固沙林的作用；沙区中的农田防护林也必然是防风固沙林。所以各种防护林在实际意义上是不能截然分开的。

根据辽宁省各类沙地多为零星分布的特点，在流动沙地的“前沿”营造防护林带，以阻止流沙地继续蔓延十分重要。这种林带结构因为紧密型，带宽视情况而定，造林树种为深根性并耐干旱瘠薄、适应性强的杨树品种。造林时要深栽，栽植深度大于 50cm，并应加强对林带的病虫害防治力度。也可营造杨树与刺槐、樟子松、油松等的混交造林。

四、沿海防护林

1　辽宁沿海类型

辽宁省的海岸线长达 2600 多 km，东起鸭绿江口往西南延伸至大连为黄海海岸；在向西北经辽河口折向西南至山海关为渤海岸。海岸分为基岩海岸和泥沙海岸两类。基岩海岸主要在辽东半岛大部分地区和辽西走廊的部分地区，泥沙海岸又分为砂质海岸和淤泥质海岸，淤泥质海岸分布在大凌河至辽河口的凌海，盘锦及营口、盖州、东港等有零星分布，砂质海岸分布在绥中、瓦房店、盖州的部分地区。

2　海防林营造情况

为改变辽宁省的沿海地区的生态环境，早在新中国成立初期就开展了海防林的设计营造工作。在西起山海关，东至鸭绿江口长达数千米的海岸线上，设计造林面积 2.27 万 hm^2。

海防林从 1953 年开始营造，本着先易后难的原则，到 1955 年营造海防林 5400 多 hm^2，占设计面积的 25%，通过挖沟做埝，改土造林，尽可能的使许多海岸防护林带连接起来，到 1975 年造林面积接近 1 万 hm^2。这些海防林对防止风害，改善环境，保田增产发挥了较大作用。20 世纪末，国家又重新启动海防林工程，沿海防护林体系建设一期工程营造人工林 24.3 万 hm^2；二期工程至 2004 年底，完成人工造林 2.45 万 hm^2，1800 多 km 的大陆海岸基干林带基本封闭合拢。通过防护林的建设，有效地改善了生态环境，减轻了风沙、台风等灾害的发生，保证了商品粮基地的生产和国家人民生命财产的安全。

3　海防林的主要营造技术

3.1　林带结构

沿海地区由于易遭海风和潮风的危害，设计的海防基干林带一般较宽为 30 ~ 50m 或 100 ~ 200m，乔灌配合，多层林冠，呈紧密结构。在沿海农田地区，根据农田防护林的要求，多配置稀疏和通风结构类型的林带。

3.2　盐碱地造林技术措施

3.2.1　整地

3.2.1.1　大坑整地　在地势高、地下水位低而又不便开沟排水的盐碱地上，可以采用大坑整地，以便借雨水淋洗人工冲洗盐分。坑的规格为直径 0.5 ~ 1.0m，深为 0.5m。挖坑时先除去表层盐土，用于坑的周边围埂，坑内土壤挖后回填，如果混沙或混有机肥后再回填更好，可以抑制返盐和提高土壤肥力。整地应该在雨季前进行，便于淋溶盐分，于晚秋或者翌年春季造林。

3.2.1.2　沟垄整地　在地势高、地下水位低（2m 左右）、土质较粘重、排水不良的盐碱地，利用“水往低处走，盐往高处走”的规律，可进行沟垄整地。规格是，每隔 0.8 ~ 1.0m，挖深 0.5 ~ 0.6m，上口宽 0.8 ~ 1.0m，沟底宽 0.4 ~ 0.5m，在沟内挖坑造林。沟垄整地主要是根据潮盐土盐分上重下轻的特点而采取的防盐躲盐的有效措施。特点是盐分集中在垄背上，沟内盐分减少，沟内背风蒸发量小，返盐轻；沟内有利于蓄水洗盐。注意沟底一定要平整。

3.2.1.3　高垄整地　在排水无出路的低湿涝洼盐碱地，可以采取高垄整地。垄高 1.4m 以上，垄台上口宽 1.5 ~ 2m，垄底宽 2.5 ~ 3.0m。优点是抬高了栽植面，相对降低水位，增强排盐防涝作用。

3.2.1.4　台田、条田整地　在地下水位较高、矿化度大、盐碱化较重的滨海盐碱地，可以采用台田整地。优点是抬高了栽植面，相对降低水位，增强排盐防涝作用。

台田、条田的宽度和挖沟的深度与脱盐效果关系密切，应该使地下水和台田面的距离大于 1.5m，以便抑制返盐。一般地下水位 1.0m 左右低洼地修台田，地下水位 1.5m 左右低洼地修条田。台田四周应该围 0.5m 高的围埂。整地 3 ~ 4 年后可以全面造林。适宜的规格：台田宽 5 ~ 10m，条田面宽 20 ~ 50m，长 500m，沟深 1.5m，底宽 1m，上口宽 5m。

3.2.2　造林

适当密植混交。一般采用乔冠混交，其中紫穗槐、沙棘、胡枝子是理想的灌木树种，杨树采用辽胡系耐盐品种，采取 1.5m × 2m、2m × 3m、3m × 3m 的配置方式；因地栽植，一般采取平穴浅栽和深栽浅埋等方法；加强管理，包括蓄水压碱、排涝除碱、除草松土。

4 建立完整防护林带体系

今后海防林营造主要是通过挖沟、筑埝等工程措施，选择耐盐较强的杨树品种，改造盐碱地，把林带连接起来，并把林带同片林连接起来。沿海地区不须设置规整的林带和林网，应以海岸防护林为主体，同时营造沟谷水土保持林，绿化荒山荒地；沿河沿路栽植防护林，结合绿化工程构成一个完整的防护林体系。

第14章 杨树病虫害防治

一、辽宁杨树病虫害危害情况及综合治理

1 杨树病虫害发生危害情况

辽宁由于特殊的地理位置，是华北、长白山、内蒙古3大植物区系交会处，也就形成了物种的多样性。辽宁杨树品种繁多，而且栽培也极为广泛，全省14个市都有栽植，是平原地区营造速生丰产用材林、防护林、绿色通道景观林和“路旁”绿化的主要树种，占据辽宁林业半壁江山。一些地方没有做到适地适树，加之又大面积营造杨树纯林，生态功能脆弱、病虫害防治技术缺乏等原因致使杨树病害发生严重，给林业生产造成巨大损失，威胁着杨树用材林和生态林发展。

辽宁省杨树病虫害发生的特点是病虫害种类多、发生普遍、危害严重，据调查危害杨树的害虫有176种，分属6目45个科，常见的主要害虫种类有杨干象、青杨天牛、白杨透翅蛾、柳蝙蛾、芳香木蠹蛾、光肩星天牛、杨毒蛾、柳毒蛾、杨舟蛾、舞毒蛾等；浸染性病害，发现有74种病原菌危害杨树，重要的病害有杨树水疱溃疡病、大班溃疡病、肿茎溃疡病、烂皮病、灰斑病、叶锈病等；生理病害有缺铁黄化病、冻害、干旱、日灼等。

据不完全统计，20世纪70~80年代，全省各地相继发生了大面积蛀干害虫和溃疡病等造成很大危害。如辽西北地区发生的青杨脊虎天牛，使数万公顷杨树人工林形成“小老树”林。葫芦岛、锦州地区因光肩星天牛的大发生，致使部分林网、路树大量砍伐更新重造，杨干象成为已由局部发生扩展到全省各地普遍发生的害虫。对害虫的防治已成为很多地方杨树造林成败的关键因素。

近年来食叶害虫发生也十分猖獗，如杨毒蛾、柳毒蛾在营口等地相继大发生，严重的地块每株虫口密度高达1000头以上，树叶全部吃光。溃疡病、烂皮病、叶锈病及灰斑病也在不同地区相继大发生，对苗圃的苗木及新植的幼林杨造成威胁，有的苗圃因溃疡病发生使树十万株苗木全部烧毁，锦州地区小钻杨速生丰产林因肿茎溃疡病危害，砍伐面积约6000 hm^2。“八五”以来，全省每年发生杨树病虫害面积都达6万 hm^2，损失上亿元（表14-1）。

表14-1 “八五”以来辽宁省杨树病虫害每年平均发生情况统计表 单位：万 hm^2

时 间	病 害	蛀干害虫	食叶害虫	合 计
“八五”期间	1.03	2.88	2.13	6.04
“九五”期间	0.79	2.89	2.89	6.57
“十五”期间	1.23	2.21	2.15	5.59

2 杨树病虫害综合防治的研究概况

20世纪80年代以来是辽宁省杨树速生丰产林大发展时期，杨树的集约栽培也对病虫害

的防治提出了更高要求，因此，出现了对杨树病虫害防治技术研究的鼎盛时期。全省广大森保工作者和科技人员，积极开展杨树病虫害综合防治技术研究，参加的部门和人员之多、投入的大量经费也是前所未有的，如中国科学院沈阳应用生态所（原中国科学院沈阳林业土壤研究所）、国家林业局森防总站、辽宁省杨树研究所及省、市森防站等部门，先后对10多种杨树主要病虫害进行了深入细致的研究。经过这些科技人员的努力工作，撰写的科研报告、学术论文达163篇，取得一大批科研成果，使杨树病虫害的发生蔓延得到了有效控制，从而加快了杨树速生丰产林基地建设步伐，促进全省林业的发展。

2.1 基础研究

从80年代初，全省开展了森林病虫害普查工作，在科研单位参与下，各市县对本地区的主要杨树病虫害种类进行了系统的观察研究，摸清了各种病虫害的发生规律、生活史等，并相应开展了预测预报研究。如辽宁省杨树研究所和辽阳市森林保护站等共同对白杨透翅蛾等杨树枝干害虫和食叶害虫进行了发生期和发生量预测预报研究，采用积温法、期距法、物候法预测发生期，基本准确。杨树研究所对杨干象鼻虫成虫进行生活习性观察研究时，发现此虫有飞行能力，并做了解剖飞行试验，通过在林间进一步调查研究，证明了该虫能靠飞行扩散蔓延，一次飞行距离1.5～80m，飞行高度1.5～8.0m，为控制该检疫害虫的传播蔓延提供了科学依据。对新虫种杨笠圆盾蚧进行研究，证明杨笠圆盾蚧雄少雌多，以卵胎生方式繁殖，其传播途径靠苗木调运及风力传播，活动幼虫、若虫固定后，不再转移活动，以雌成虫及固定若虫的刺吸式口器伸入枝干，吸取养分和水分进行危害，叶柄和叶芽的表面重叠布满了介壳，虫口密度最高可达280多个/cm^2，青杨派、白杨派杨树危害最重。颁布了《白杨透翅蛾预测预报和防治标准》、《杨干象预测预报和防治标准》两个标准。

中国科学院林业土壤研究所钟兆康先生对杨树溃疡病病原菌和发病规律进行了深入研究，分离出7种病原菌，并用部分病原菌进行了室内外人为的枝干失水接种，试验表明，随着杨树枝条失水时间的递增发病呈现明显差异，失水时间越长的枝条，经接种后，病原菌很容易侵染发病，病斑扩散速度亦快，枝条很快枯死长出子实体。

据调查杨树疡壳孢溃疡病的发生与杨干象、白杨透翅蛾、杨牡蛎介壳虫危害造成的伤口有关。在严重发病的杨树林分中，几年来全部受上述害虫危害，继而发生杨树疡壳孢溃疡病。并对不同杨树品种的抗病性做了试验和调查，认为黑杨派品种感病，青杨派品种中等感病，白杨派品种抗病，但同派中的不同品种抗病性有差异。赵经周、陈鸿雕、曾大鹏等人对杨树大斑型、水疱型溃疡病做了研究，调查该病可危害50多个杨树品种，认为青杨派树种和以青杨为母本的杂交种受害最重，黑杨派品种受害轻。

尚衍望与裴明浩合作（1984）进行了山杨叶锈病 *M. larici-trenullaekleb* 和青杨叶锈病 *M. larici-populinakleb* 的研究，两锈菌的性孢子和锈孢子阶段在杨树叶片上，但夏孢子形态不同，夏孢子越冬后前者不再有侵染能力，后者有12%仍可萌发。前者主要侵染白杨派树种及以白杨派为母本的杂交后代，不侵染黑杨派树种；后者可侵染青杨派和大多数黑杨派树种，但不侵染白杨派树种。

项村悌等（1986）报导杨树肿茎溃疡病无性世代为 *Conneum populinum* Bresad.，有性阶段为东北球腔菌 *Mcosphraerell nrandshurica* Niuro。上述作者对杨树病害已有基础性研究，今后应提出研究的深度，避免相同水平的重复研究。

2.2　杨树虫害防治技术研究

2.2.1　林业技术防治

在病虫害防治中，始终要把预防放在第一位，治是第二位，采取营林技术主要体现在防上，这是综合防治的基础和根本。林业防治技术内容主要是选择抗病虫品种，加强营林技术措施。

2.2.2　生物防治

2.2.2.1　用性信息素防治白杨透翅蛾　辽宁省杨树研究所从 1983 年开始进行了用性诱法防治白杨透翅蛾应用技术研究，1984 年进行大面积防治试验，取得了较好防治效果。在 2~3年生的幼林地，诱捕器等距离挂在树枝或树干上，4 年生以上或郁闭度较大林地诱捕器挂在林缘、林间空地及作业道等处的支撑物上，诱捕器间距 25~75m，悬挂高度为 1~1.3m，定点观察，从挂出次日起，每天或间隔天检查诱蛾情况，在防治前做了越冬虫口密度调查，计算林地羽化雄蛾数并设对照地，做交配抑制率测定，于 9 月上旬对防治地和对照地进行虫口密度调查，从防治结果看出，各试验地诱蛾效果很明显，平均每个诱捕器诱蛾 10.2 头，黑山康屯林场近 1 万亩杨树林地，平均按 11 亩地挂一个诱捕器，防治效果达 31%，盘山县林场 0.07 万 hm^2 林地，平均 0.33hm^2 挂一个诱捕器，防治效果达 38.9%。

2.2.2.2　用寄生蜂防治杨树枝干害虫　天牛肿腿蜂是杨树枝干害虫青杨天牛的重要天敌，辽宁省杨树研究所从山东林业科研所、上海引进天牛肿腿蜂种蜂近千头，对繁蜂技术做了探讨，扩繁牛肿腿蜂达 50 万头，对杨树几种蛀干害虫进行了初步防治试验。通过人工接蜂，在适宜温度（25~30℃），湿度 70% 左右条件下，用青杨天牛老龄幼虫按 1∶1 接蜂，寄生率达 90% 以上，蛹按 1∶1 接蜂，寄生率达 55%，按寄主与蜂 1∶2 接蜂，寄生率 65.5%。林间放蜂防治青杨天牛，肿腿蜂寄生的虫瘿率高达 30.7%。防治杨干象致死率分别达 59% 和 75%，寄生率分别达 36% 和 40%。人工繁殖凹面灿姬小蜂防治白杨透翅蛾也获得成功。对部分地区杨树主要害虫寄生性天敌昆虫进行调查，如辽阳市林业科研所对辽阳地区 13 种主要杨树害虫的寄生性天敌昆虫进行了调查，初步鉴定出了 33 种，分属 2 目 9 个科。

2.2.2.3　用致病菌防治害虫　锦州市林业科研所采用白僵菌粉和苏云金杆菌粉制成混合剂型，进行以菌治虫试验研究，防治光肩星天牛取得了成功，杀虫率高达 83% 以上，是一种比较理想的防治方法。

2.2.2.4　利用益鸟防治杨树害虫　营口市森林病虫害防治站从山东省日照县大沙洼林场引进灰喜鹊，在盘山县红旗林场万亩杨树林中设网进行饲养，防治食叶害虫，灰喜鹊每天取食量较大，对害虫控制较明显，放鸟的林分没有发生重大虫灾。

2.2.3　化学防治

2.2.3.1　白杨透翅蛾的防治试验　抓住关键虫态，缩短防治期以减少污染，降低成本。我们进行了试验，找到了防治最佳虫态是卵和初孵幼虫，防治最佳时期是卵和初孵幼虫出现时期至幼虫侵入盛期末期，防治的最适宜期 6 月 17 日 ~7 月 15 日。

1~2 年生新植幼林，4 月下旬至 5 月下旬可用透翅蛾性诱剂诱捕成虫。

2.2.3.2　杨干象幼虫的防治试验　以前防治的常规办法是点涂、注射、涂环、刷干等，虽行之有效，却存在成本高、幼虫成活量大、杀伤天敌等问题。通过试验，我们将越冬幼虫刚刚活动这个关键环节作为防治重点，效果很好，即在日平均气温达到 15~17℃（4 月 17~25 日）。

采用化学药剂防治杨树蛀干害虫，50%倍氰松、50%杀螟松、40%氧化乐果，稀释倍数400~800倍液喷干，每隔7d防治一次，杀虫效果达90%以上。

2.2.3.3 杨笠圆盾蚧的化学防治 杨笠圆盾蚧是杂食性害虫，除危害杨树外，对各种林果等均有寄生。药剂防治具有显著的毒杀效果，乐果、杀螟松、辛硫磷等药剂的500~1000倍液在害虫的活动若虫期进行喷雾防治，可达90%以上。

2.3 杨树病害防治技术研究

杨树在运输过程中失水，春旱、冻伤、日灼、土壤瘠薄、盐碱和长期积水等，均可使杨树的正常生理功能被破坏而发病。此类原因引起的病害称之为生理病害或非侵染性病害，杨树也是受致病性真菌、细菌、病毒、螨类和某些高等植物的侵染而发病，此类病害称之侵染性病害。

在杨树栽培过程中，侵染性病害和非侵染性病害，虽然有其各自的发病原因和过程，但彼此又有很多直接或间接的联系，影响或破坏正常生理功能的一些环境条件常导致杨树抗病性的降低，或为病原物的侵入和扩展创造条件，因而成为杨树发生病害的诱因。

杨树的叶部病害、干部病害在杨树栽培区都有不同的发病原因，轻重也各不相同，但是近几年随着气温变化异常，暖冬、倒春寒，不同杨树病害大发生，给林业生产造成重大损失。主要是杨树干部病害，如溃疡病、烂皮病、腐烂病、水疱型溃疡病、大斑溃疡病；叶部病害如杨叶锈病、杨黑斑病、杨树灰斑病、杨树白粉病、杨树黑星病。因此上述病害任何一种发病都能严重影响林木的正常生长发育。

辽宁省杨树研究所从80年代初开始在育种学中寻找选择抗病育种研究并做出了艰辛的工作。1977~1980年，张永华等人率先对杨树溃疡病进行了深入的研究，寻求抗病育种的途径。据报道1955~1958年法国人Ride以不同的方法从杨树的溃疡病斑上分得细菌纯株，有人认为上述两种病原菌为同物异名，国外报道的病状有闭合型和开口型两种溃疡斑。国内文献大多记载为杨树细菌性溃疡病，中国林业科学研究院、西北农学院、中国科学院林业土壤研究所都先后开展了对杨树溃疡病致病菌的研究工作。1977年我们就分离出子囊菌纲球壳菌目，小六壳属（*Dofniorlle*，*gregoriasacc*）经接种成功，根据病原物的生物学特性和形态学特性，我们认为杨树溃疡病的致病菌为真菌，有性时代为子囊菌纲、坐囊菌目、蔟球腔菌属（*Bofryosphaexiaribis*（Tobe）*Grosseglogg*），无性时代为子囊菌纲、球壳菌目、小六壳属（*Dofniorlle*，*gregoriasacc*），改正了过去的记载。当时研究溃疡病这在国内是突破，也为今后杨树溃疡病系统研究奠定了基础。

1982~1992年辽宁省杨树研究所陈鸿雕等用美洲黑杨做亲本，进行人工控制授粉杂交，以抗溃疡病为主要选育目标，兼顾生长、抗旱、抗寒等特性潜心研究历经10年时间，最终从集团军中筛选出3个抗病、速生的无性系，即辽宁杨、辽河杨、盖杨。这3个抗病新品种的问世，为辽宁杨树品种的更新填补了空白，是平原、河流两岸造林的首选树种，推广面积达几十万hm^2，近几年又成为湖北省的推广主栽品种。潘成良、陈鸿雕等于20世纪八、九十年代曾经做过抗水疱溃疡病选择育种研究，在5000hm^2感病的小钻杨实生林中初选11株抗病优树，经过离体、活体接种病菌试验和田间区域栽培试验，从中筛选出辽选抗病5号、11号两个抗病无性系，在彰武等地区推广。铁岭市林科所与中国林科院森保所合作对杨树溃疡病防治指标和防治方法进行了研究，提出防治经济阈值和综合防治技术，在生产中具有一定的指导作用。杨树病害防治还应以预防为主，特别是选育、栽植抗病品种，以减轻病害发生，辅以营林措施，提高林木抗性，把病害控制在经济允许水平；治只是一种补救措施，对于干部病害，效果都不是很理想。

中国杨树病虫害从总体来看比国外严重得多，其主要原因是：人工纯林面积过大，栽植杨树的立地条件差，品种选用不当，经营粗放等。在国外一旦发现该无性系不能抗病，就废弃不用，更换新的抗病无性系。抗虫无性系的选育，比抗病无性系选育的难度大，应加强研究。在中国目前的条件下，应采取以利用寄主抗性为基础，以合理栽培技术为保证，以生物防治和化学防治相结合，以测报和防治指标为依据的综合管理措施来防治杨树病虫害。

二、病害防治

1 叶部病害

1.1 杨树叶锈病

（1）发病部位与为害：锈病主要发生在叶片上。小苗、幼树和大树都能发病，但以小苗和幼树受害较为严重，有些苗圃的发病率达 100% 。该病害造成叶片提前 1 ~ 2 个月脱落，严重影响苗木和幼树的生长，削弱树势，为其他病害的发生创造了条件。

（2）症状：叶片上有许多黄色斑点，初生时在杨树叶片背面为淡绿色小斑点，很快便出现橘黄色小疱，疱破后散出黄粉，次为夏孢子堆。秋初于叶正面出现红褐色至深栗褐色疮痂斑，即病菌的冬孢子堆。

（3）发病规律：病菌以冬孢子堆在落叶中的病斑中越冬，次年 4 ~ 5 月病叶上的冬孢子遇水和潮气萌发，产生担孢子，并由气流传播到落叶松叶上，一周后形成锈孢子和性孢子。锈孢子由气流传播到杨树树叶上，由气孔侵入。经过 10 ~ 15 天产生夏孢子，夏孢子萌发的芽管通过气孔或表皮侵入，能重复侵染杨树。到 8 月末以后，杨树病叶上形成冬孢子堆，随病叶落地越冬。

（4）防治方法：①苗圃地应合理密植，避免苗圃地湿度过大，不透风；②合理施肥，避免氮肥过量和钾肥不足；③用 1% 波尔多液或 25% 粉锈宁 1000 倍液喷洒苗木；④用 50% 多菌灵可湿性粉剂 600 倍液喷洒苗木；⑤秋天收集苗圃地内落地的病叶，集中烧毁，清除苗圃地周围的落叶松。

1.2 杨树灰斑病

（1）发病部位与为害：灰斑病主要发生在叶片、嫩梢和幼树干部。小苗、幼树和大树都能发病，但以小苗和幼树受害最重。在地势低洼、林间湿度大的情况下，病害发生早且重。苗圃受害严重，留床苗和大龄苗因菌量积累多，受害尤其重。病害可造成叶片早落、顶梢枯死和干部溃疡，杨树生长量显著降低，严重时可使幼苗死亡，移栽成活率降低。

（2）症状：叶片发病初期为水状、近圆形的褐色斑点，后扩大呈不规则形斑，边缘黑褐色，病斑中央灰白色，天气潮湿时常长出灰绿色霉点。多个病斑可相连成片，使叶片枯萎、脱落。嫩叶受害时，病斑扩展迅速，边缘不明显，很快就造成叶片卷缩、枯焦。顶梢和嫩枝梢发病，多产生梭形的褐色病斑，扩展后可环切枝梢，使其上部枝、叶全部枯死，俗称“黑脖子”，易被风折断。在枯死或风折的病梢下部，由一些休眠芽长出新的枝梢，形成无主梢的多杈苗。幼树干部发病时，初期在树皮上长出椭圆形的褐色斑，1 ~ 4cm 长，失水下陷，后期颜色逐渐变黑，病斑中央变灰白，并长出灰绿色霉点。随幼树的生长，病皮破裂，其周围产生愈伤组织，使病部呈肿茎溃疡状。大的肿茎溃疡斑树皮纵向开裂，露出颜色变红的木质部。

（3）发病规律：病菌以分生孢子盘和分生孢子在病落叶、病梢和干部病斑上越冬。越冬后的分生孢子萌发率在50%以上，是春季的初侵染来源。一年可发生多次再侵染。病害发生与降雨和空气湿度的关系密切，一般每次明显的降雨天气之后就会出现飞散高峰，一周后就会出现叶片的发病高峰。雨季时，叶片发病率增高，枝梢上的“黑脖子”也多。

（4）防治方法：①做好苗圃和造林地的整地和排水工作，避免积水使苗圃和林地湿度过大；②适当稀植，增加苗圃和林地的通风透光；③病害严重时，从5月中旬至7月上旬喷药2～3次。防治较好的药剂有50%多菌灵400倍液；50%甲基托布津500倍液；75%百菌清500倍液，或用10%百菌清油剂0.4g/m^2 超低容量喷雾。

1.3 杨树黑斑病

（1）发病部位与为害：黑斑病主要发生在叶片、叶柄和嫩梢上。主要危害幼苗、幼树和成年大树的叶片，引起早期落叶，对幼苗和幼树影响较大，树木若连年受害，则引起树势衰弱，发病后5年内平均减少材积16%。

（2）症状：叶面和叶背都产生许多近圆形黑褐色病斑。叶斑初期为针刺状发亮的小点，后扩大为近圆形黑褐色病斑。空气潮湿时，在黑斑病的病斑上产生1至多个乳白色小点，当病斑数量多时，可连成不规则斑块，使全叶变黑枯死。在嫩梢上病斑初为梭形，黑褐色，后隆起，出现略带红色的孢子盘。嫩梢木质化后，病斑中间开裂成溃疡斑。

（3）发病规律：病菌分别以菌丝体、分生孢子盘和分生孢子在落叶中或1年生枝梢的病斑中越冬。次年4～5月越冬分生孢子和新产生的分生孢子均可成为初侵染源。春季以气温12～16℃，降雨量20～30mm时最重。夏天10d内平均气温15～20℃，降雨量40mm以上时，发病最重。病菌的分生孢子堆主要通过雨水和风传播。黑斑病的发生与季节雨量和雨日的多少关系密切，雨多发病重，雨少发病轻。低洼、排水不良和密度大的苗床发病较重，尤其是在高温、多湿的条件下发病快且重。

（4）防治方法：①合理密植，改善苗木的通风透气条件；②发病初期，用40%多菌灵800倍液喷洒苗木，喷2～3次；③发病盛期，用75%百菌清500倍液喷洒苗木；④秋天收集苗圃地内落地的病叶，集中烧毁。

2 枝干病害

2.1 杨树破腹病

（1）发病部位与为害：破腹病是由冻害引起的，昼夜温差以及风力所造成的树干摇动也是产生破腹病的主要外界因素。发病部位多在距地面20～130cm的树干基部。主要危害4～7年生的幼树，苗圃中小树不发生此病。破腹病是杨树的重要枝干病害，可造成大面积杨树生长衰弱，降低木材使用价值。

（2）症状：病树干部的树皮甚至木质部发生纵裂，向上发展很快，长度可达数米。病部树皮干腐或湿腐，最后脱落，露出木质部。发生程度较轻的纵裂，在生长季节可产生愈伤组织，裂缝可能愈合，但第二年又重新开裂。发病部位下面的木质部也往往开裂，极易引起霉变和心腐。

(3) 发病规律：病害发生在早春的 3、4 月份，秋末冬初也偶有发生。发病部位有明显的方向性，绝大多数发生在树干的向阳面。发病的高度也很有规律，高度集中在距地面20 ~ 130cm 处。多数受害树仅在干基部产生一个纵裂，极少产生两个。生长速度快的杨树发生较重，林分密度大的破腹病发生轻，地势低洼、积水多的林分发病重。

(4) 防治方法：①选用抗性强的杨树品种；②造林密度适当，根据树种、地力和当地气候选用适当的株行距；③营造杨树与刺槐、紫穗槐、胡枝子等的混交林；④幼树修枝时，在树干的阳面一侧有意保留几丛树枝，有利于减轻日照和昼夜温差，减轻发病率。

2.2　杨树溃疡病

(1) 发病部位与为害：幼树受害时溃疡病主要发生于树干的中、下部，大树受害时枝条上也出现病斑。杨树溃疡病是中国杨树重要的枝干病害，分布普遍，危害严重，常引起林木的大量死亡。

(2) 症状：病菌多由皮孔侵入，在皮孔边缘生灰色或褐色小泡斑，形状多为圆形或椭圆形，直径 0.5 ~ 2.0cm。水泡内充满无色无味液体，后期水泡破裂从中溢出液体，经氧化变成赤褐色，随后病斑下陷，皮层腐烂，呈黑褐色。春季病斑上散生许多小黑点，为病菌的分生孢子器。当病斑包围树干时上部即枯死。秋季在老病斑处出现粗黑点，为病菌的有性繁殖阶段。

(3) 发病规律：病菌主要以菌丝体在病组织内越冬。3 ~ 4 月开始发病，5 月下旬进入发病高峰期，此后病势减弱，8 月下旬后又出现新病斑，10 月以后停止发展。病菌主要借风、雨水传播，带菌苗木和插穗等繁殖材料的调运可进行远距离传播。该病菌为弱寄生菌，由于种种原因致使树木衰弱时均易发病，如苗木移植、春旱、春寒、风沙大、盐碱土等均易导致发病。造林后当年春季发病较重，并且管理粗放、生长不良的林地发病严重。

(4) 防治方法：①造林过程中尽量减少苗木失水，定植前用水浸根；②造林后加强管理，合理整枝间伐，保护伤口，初冬及早春树干下部涂白；③4 月中旬至 5 月中旬或 8 月中旬至 9 月中旬，用多菌灵 500 倍、不脱酚 1000 倍 、托布津 1000 倍、敌克松 500 倍液涂抹患部。涂抹前用刀在患部刻纵横交错的伤痕，涂药 1 ~ 2 次。

2.3　杨树烂皮病

(1) 发病部位与为害：杨树烂皮病又称腐烂病，主要发生于树干及枝条上，是杨树的重要枝干病害。危害严重，常引起林木的大量死亡。北方不少地区春季造林后，由于干旱缺水，导致腐烂病大发生，而使树木大面积死亡。

(2) 症状：初期症状在光皮树种上患病部位表现为淡褐色微肿起的水渍状病斑，当寄主生长衰弱和空气湿度大时，病组织迅速坏死，变软腐烂，手压后流出褐色液体，具酒糟气味，病斑干缩下凹，有时边缘裂开。以后在病斑生出小粒点，为病菌的分生孢子器，遇雨由里边挤出乳白色粘稠液体，遇空气渐变橘红色至赤褐色。粘稠液不断伸长形成卷须，为病菌的分生孢子角。患部韧皮部与内层常呈褐色或暗褐色，糟烂如麻，易与木质部剥离，造成整株枯死。

(3) 发病规律：病菌以子囊壳、菌丝或分生孢子器在病部越冬。次年春天，当温度、湿度适宜时，产生分生孢子进行传播，病菌孢子借气流、雨水或昆虫传播。5、6 月为发病盛期，7 月后病势渐趋缓和。腐烂病菌为弱寄生菌，只能侵害生长不良、树势衰弱和有伤口的树木。食叶害虫、蛀干害虫、叶部病害严重危害后，都将导致腐烂病的大发生。

（4）防治方法：①适地适树，选择适于当地土壤、气候条件的杨树栽培；②造林后加强管理，合理整枝间伐，保护伤口，初冬及早春树干下部涂白；③5月上旬至7月上旬，把树皮顺长割几条伤痕，涂1∶10或1∶12的碳酸钠液，95%苛性钠200倍、1%退菌特200倍、5%甲基托布津800～1000倍液。

2.4 杨树大斑溃疡病

（1）发病部位与为害：杨树大斑溃疡病主要发生于主干及枝条上。分布虽不普遍，但危害严重，常引起林木的大量死亡，是杨树的一种危险性病害。

（2）症状：幼苗、幼树的主干及枝条上。病斑多发生在皮孔、伤口、枝条分叉处及叶痕等处。初期，病斑呈水渍状，病部色暗，为暗灰色，后失水下陷，颜色变浅。病斑为梭形、近圆形或不规则形，直径大小不一，病斑多时常相互连接在一起。病斑处皮层坏死，边材变褐色，后期病斑处树皮往往开裂。当病斑环绕枝条或树干一周时，其上部随即死亡。

（3）发病规律：该病菌以菌丝和分生孢子器在树皮越冬。次年4月份产生分生孢子，分生孢子借风、雨水、昆虫和人为活动传播，从伤口和自然孔口侵入。从4月上旬开始发病，5月进入发病盛期，10月上旬停止发病。该病主要危害青杨派树种或以其为母本的杂交种，多数黑杨派树种及其杂交种具有较强的抗病性。该病菌为弱寄生菌，由于种种原因致使树木衰弱时均易发病，如苗木移植、干旱缺水、管理不善等均易导致发病。

（4）防治方法：①发病后，用刀划破病斑后涂砷平液50倍液、1%退菌特或5波美度的石硫合剂；②造林后加强管理，合理整枝间伐，保护伤口，初冬及早春树干下部涂白。

2.5 杨树细菌性溃疡病

（1）发病部位与为害：细菌性溃疡病主要发生于树干上。通常危害10年生以上杨树，幼树偶有发病，苗圃中小树不发生此病，是世界闻名的杨树重要枝干病害，可造成大面积杨树生长衰弱，降低木材使用价值，甚至引起林木的大量死亡。

（2）症状：有2种症状类型。一种类型为最初在幼枝皮层中产生小裂缝，春天从这些裂缝中流出灰褐色细菌粘液。这些粘液流至伤口处可产生溃疡。伤口处反复愈合和扩大，形成不规则的裂口的溃疡，长1～15cm，与主干平行，纵裂，周围有隆起，木质部外露。溃疡斑可分散环绕大枝或主干，致使树木死亡。另一类型为隐蔽性溃疡，在树体内蔓延，溃疡呈瘤状突出，表面粗糙。受感染的树条或树干木质部变色、开裂。

（3）发病规律：该病菌在病株多年生的病斑内潜伏越冬，第2年春天潮湿多雨时，病菌开始活动。细菌借助雨水、风、昆虫和人为活动传播。遇到皮孔、叶痕、扎叶痕、芽鳞痕和各种伤口侵入寄主，侵入点周围形成溃疡斑。发病杨树产生的粘液是重要的侵染源。细菌性溃疡病菌为兼性寄生菌，气候因素、土壤状况、树木的抗病原性等均影响病害的发生。高温能抑制病害的发生，温暖、潮湿、多雨的气候有利于病害的发展。易感病的品种有香脂杨、毛果杨、新疆杨等，美洲黑杨均为高度感病，而晚花杨、健杨、I－214杨等具有抗病性。

（4）防治方法：①严禁带病苗木、插条进口，对可疑的苗木、插条进行消毒处理后再引种栽培；②利用抗病品种代替感病种的办法防止溃疡病。

三、虫害防治

1　地下害虫

1.1　蛴螬类

是金龟子的幼虫。危害苗木根部，金龟子种类很多，较为常见的有东北大黑鳃金龟子、棕色鳃金龟子、灰粉鳃金龟子等。它们分布地区很广，危害树种种类很多。这 3 种金龟子的幼虫（蛴螬）同时存在，共同危害。幼虫主要危害时期为每年的 5 ~ 10 月份。

（1）形态特征：幼虫身体柔软、肥胖，体表多皱褶，具细毛；腹部末节圆形，整个身体向腹面呈“C”字型弯曲。

（2）防治方法：在历年发生的地区要在翻地的同时，撒 22.5 ~ 37.5kg/hm^2 的乐果粉，效果良好。还可以在虫害发生时用扎眼的方法，灌敌百虫水溶液，250g 敌百虫加水 1.5kg。

1.2　地老虎

夜蛾的幼虫，俗名地蚕。主要有：小地老虎、大地老虎和黄地老虎 3 种。

（1）形态特征：身体柔软，全身被细毛，少数身上还有毛瘤、枝刺。胸部背面和腹部末端几节有毛簇；有的身体末端有两个黄色的点斑或有两条深色的纵线。

（2）防治方法：①堆草诱杀，取新鲜杂草或菜叶堆于田间，每堆长 2 尺，堆距 10 尺，草堆中撒入 6% 的六六六粉剂或 90% 敌百虫。②在播种前或幼苗出苗前清除田间杂草，可消灭越冬成虫产卵场所和第一代幼虫的食料来源。③人工捕杀，清晨在断苗周围扒开土层，即可发现。

2　食芽害虫

杨苗时期食芽害虫主要有黑绒金龟子、大灰象鼻虫、蒙古象鼻虫等。他们主要是以成虫在 4 月下旬至 5 月上旬开始活动。主要危害插穗刚刚冒出的小嫩芽或用根茎造林刚发出的嫩芽。常常每株苗木旁或插穗旁有 5、6 个或更多的虫口。

主要防治措施：①在 5 月上旬用杂草、菠菜、嫩树叶等拌 90% 的敌百虫。每 250g 加水 1.5kg，均匀撒于苗垄及苗床上，引诱毒杀成虫。②利用金龟子成虫不耐水的特点，一次性大灌水两次，对初龄幼虫及成虫有一定的效果。③用 50% 甲胺磷乳油 1500 倍，直接喷洒小苗或插穗。

3　枝干害虫

3.1　白杨透翅蛾

白杨透翅蛾主要危害 1、2 年生幼树，幼虫钻蛀枝、干和顶芽。侵入顶芽后，使被害处枯萎下垂，抑制顶芽生长形成秃梢；侵入枝干，使被害处组织增生，形成瘤状虫瘿；蛀入髓部，形成坑道，被害处易风折。

（1）形态特征：成虫外形似胡蜂，体青黑色，后翅透明，体长 11.3 ~ 20.8mm，翅展 22.5 ~ 38.8mm，腹部有橙黄色横带，头部半球形，头顶有一束黄褐色毛簇，头和胸部之间有橙黄色鳞片围绕。卵黑色，椭圆形；初龄幼虫淡红色，老熟幼虫乳白色，圆筒形，体长

30mm，头部浅褐色，胸足发达，末端有深褐色的爪；蛹褐色，近纺锤形。

（2）生物学特性：在辽宁地区1年1代，以幼虫在枝干隧道内越冬。次年初继续为害，5月上旬开始化蛹。成虫发生期为6月初至7月下旬，盛期为6月下旬。成虫白天活动，喜光，飞翔能力强，羽化后不久就交尾、产卵，卵产于叶腋、叶柄基部、树木伤痕处、树皮裂缝和叶片上等。幼虫孵出后钻蛀枝、干和顶芽，侵入后在树干内蛀食坑道，一直危害到10月中旬，幼虫常清除隧道内的粪便和碎屑，排出孔外，有时吐丝混合碎屑封闭孔口。近9月下旬，幼虫停止为害，在隧道末端以碎屑将隧道封闭，吐丝作薄茧越冬。

（3）防治方法：①用50%杀螟松、50%辛硫磷或50%久效磷200倍液喷干或涂干防治初龄幼虫；②用以上几种药剂的20～40倍液注孔或点涂或用药棉堵孔都可杀死树干内的害虫；③用磷化锌毒钎插孔，并用泥堵住虫孔，杀虫效果较好；④保护天敌，招引啄木鸟。

3.2 杨干象

杨干象主要危害2、3年生幼树。幼虫在韧皮部内环绕树干蛀道，并在木质部内钻蛀隧道。由于切断了树木的输导组织，轻者造成枝干干梢，重者整株树木死亡。成虫蛹化后，爬到嫩枝或叶片上取食，补充营养，常在被害枝干上留有无数针刺状小孔。

（1）形态特征：成虫长椭圆形，体长8～10mm，黑褐色，没有光泽，喙、触角及跗节赤褐色。全体密被灰褐色鳞片，其间散着白色鳞片。以前胸背板两侧和鞘翅后端1/3处以及腿节上白鳞片较密，并混杂着直立的黑色毛簇；卵乳白色，椭圆形；幼虫乳白色，体长1cm左右，圆柱形，全体疏生黄色短毛，胴部弯曲，略呈马蹄形，头部黄褐色，胸足退化；蛹乳白色。

（2）生物学特性：1年1代，以卵及初龄幼虫越冬。翌年4月中旬越冬幼虫开始活动，越冬卵也相继孵化，幼虫蛀食初期，由针眼状小孔排出红褐色丝状排泄物，并渗出树液，虫道处表皮颜色变深，呈油浸状，微凹陷，于5月下旬钻入木质部化蛹。成虫6月中旬开始羽化，7月中旬达到盛期，羽化大都在早晚或夜间，后经6～12d咬孔外出。成虫假死性强，受惊落地后，可长时间卷伏不动。以嫩枝干或树叶补充营养，经过补充营养后，于7月下旬交尾产卵。成虫多在早晨交尾、产卵，将卵产于叶痕或裂缝的木栓层中，产卵前先咬一产卵孔，每孔产卵1粒，并排泄出黑色分泌物将孔口堵好才离去。卵经2～3周孵化为幼虫，幼虫孵化后不取食，于原处越冬；后期产下的部分卵，因天气变冷，而以卵态越冬。

（3）防治方法：①50%杀螟松、50%辛硫磷、40%氧化乐果乳油50～100倍液刷干；②用以上几种药剂的20～40倍液注孔或点涂虫孔；③用磷化锌毒钎插孔，并用泥堵住虫孔；④利用成虫的假死性于早晨捕杀成虫。

3.3 青杨天牛

青杨天牛主要危害幼树。幼虫蛀食木质部和边材，被害处形成纺锤形瘿瘤，以致使枝梢干枯或风折，严重影响树木发育及成材。如在树干髓心为害，可使整株死亡。

（1）形态特征：成虫虫体底色为黑色，密被浅黄色茸毛。背板有3条纵向黄色带，延伸到头部后缘，两鞘翅上各有4个黄色绒毛斑点；卵圆筒形，初为乳白色，后颜色逐渐加深；初孵幼虫体扁平，乳白色；中龄幼虫圆筒形，浅黄色；老熟幼虫体稍扁，深黄色，背部有一条明显的背中线，前胸背面有“凸”形纹。

（2）生物学特性：在辽宁地区1年1代，以老熟幼虫在枝干的隧道内越冬。翌年4月初开始化蛹，5月上旬羽化为成虫。成虫有假死性，白天活动，日出后均在树冠阳面取食或活动，中午最为活跃。成虫于 5 月中旬开始产卵，5 月底相继孵化，幼虫孵化后，在原处取食边材及韧皮部，幼虫稍大后，围绕树干环食，形成纺锤形虫瘿，幼虫排泄物积在隧道内，从刻痕的裂缝处挤出。老熟幼虫在 9 月末蛀到韧皮部，在隧道内越冬。

（3）防治方法：①结合修枝抚育剪除虫瘿，春季剪除的虫瘿及时烧毁或深埋；②50% 杀螟松、50% 辛硫磷、40% 氧化乐果乳油 50 ~ 100 倍液刷干；③用以上几种药剂的 20 ~ 40 倍液注孔或点涂虫孔；④用磷化锌毒钎插孔，并用泥堵住虫孔；⑤保护天敌，招引啄木鸟。

3.4　光肩星天牛

光肩星天牛主要危害 5、6 年生以上的大树。成虫啮食嫩枝和叶脉，幼虫蛀食韧皮部和边材，被害处易感染病害，并在木质部内蛀成不规则的坑道，阻碍养分的输送，使枝干干枯或风折，甚至整株死亡，造成树干千疮百孔，严重影响树木材质。

（1）形态特征：成虫体长形，漆黑色而有光泽，前胸两侧各有一较尖锐的刺状突起，鞘翅基部光滑，无颗粒状突起，翅上有白色绒毛斑点 20 个左右；卵乳白色，长椭圆形；幼虫乳白色，疏生褐色细毛，老熟幼虫头较小，淡黄褐色，头前部黑褐色，背板黄白色，后半部有凸字形硬化的黄褐色斑纹。

（2）生物学特性：辽宁地区 1 年 1 代或 2 年 1 代，以卵及不同龄期的幼虫在枝干内越冬。成虫 6 月上旬开始出现，盛期在 6 月下旬至 7 月中旬。成虫白天活动，咬孔外出后，爬向树冠取食叶脉及嫩枝表皮作补充营养，补充营养后交尾、产卵。产卵多选在枝丛及枝干分杈处，先在枝干上咬椭圆形或唇状刻槽，每处产卵 1 粒，并分泌胶状物涂抹产卵孔。卵经 12d 左右孵化，初龄幼虫主要取食刻槽边缘的腐烂变质部分，并从产卵孔向外排出粪便及木屑；2 龄幼虫开始向树干横向取食边材部分；3 龄以后的幼虫蛀入木质部，常从蛀孔排出虫粪、木屑及树液等。蛀食的坑道形状不规则，呈 S 形或 U 形，每坑只有 1 条幼虫。幼虫于 10 月份越冬。

（3）防治方法：①清除林地周围的虫源木，减少感染源，同时加强水肥管理，提高树木对害虫的抵抗能力；②利用假死习性人工捕杀；③在成虫出现高峰期，用 1059 乳剂 1000 倍液，10% 广效敌杀死 2500 倍液喷树冠毒杀成虫；④幼虫期，用 50% 杀螟松乳剂 200 倍液，40% 乐果乳剂 200 倍液喷树干杀死初龄幼虫；用上述农药或久效磷、辛硫磷 100 倍液，注入虫孔，或用磷化锌毒钎插虫孔等，均可杀死大龄幼虫。

3.5　柳蝙蛾

（1）识别特征：以 2、3 龄幼虫开始侵入 2 年生苗木或幼树或大树的萌条，幼虫蛀入枝干后，绝大多数向下蛀坑道，取食坑道口周围边材，使坑道口呈现勺状的环形凹陷，易风折。同时幼虫边蛀食边排出咬碎的木屑，粘于坑道口上的丝网上，缀成包囊状（马粪包）的木屑包。

（2）防治方法：6 月中旬至 7 月中旬，用 50% 敌敌畏乳剂加 40% 氧化乐果 50 倍液点涂虫孔，或用磷化铝（0.1 ~ 0.5g）放入侵入孔熏杀幼虫。

3.6　蒙古木蠹蛾

（1）识别特征：以幼虫危害 7、8 年生以上的大树，造成树干千疮百孔，上部干枯或整株致死，对树木危害极重。木蠹蛾幼虫为粉红色，秋季下树越冬。

（2）防治方法：目前对蒙古木蠹蛾还没有较理想的防治方法，可在 4 月中、下旬开始，在干基钻孔，深达髓心，每孔注人 40% 氧化乐果乳油 3 ~ 5ml，然后用粘泥封孔。6 月上、中旬向枝干喷洒40%氧化乐果1000倍、敌杀死5000倍液毒杀初孵幼虫。根据木蠹蛾幼虫下树越冬的习性，8月末、9月初，在树干周围喷洒敌杀死或速灭杀丁2000~3000倍液毒杀离树幼虫。

4 叶部害虫

4.1 天幕毛虫

天幕毛虫又称戒指虫、顶针虫。幼虫取食叶片，常把树叶吃光，影响树木生长，严重为害各种杨树。

(1) 形态特征：成虫中等大小，雄蛾体较小，长13~14mm，翅展30~32mm，体色较浅，前翅中央有两条平行的褐色横线；雌蛾体较大，色较深，前翅红褐色，中央有条深红褐色宽带。卵椭圆形，灰色，块状产下如“顶针”。幼虫头部灰蓝色，胴部背后橙黄色，中央有条白色纵线；身体两侧各有一条内有黑色横条的灰蓝色宽纵条，腹面灰白色；胴部第11节上，有一个暗色瘤起；气门黑色，边缘淡黄色；体稀被细长毛。蛹暗褐色，被有红褐色毛。茧卵圆形，丝质白色，双层，十分结实。

(2) 生物学特性：在辽宁地区1年发生1代，以卵越冬。次年春季孵出幼虫，初期吐丝作巢，群居生活，同一卵块孵出的幼虫为一群；稍大以后，于枝杈间结成的丝网群居，故称天幕毛虫。白天潜伏，夜间外出取食，但有时在白天排成横列于丝巢外面栖息，受惊时前端竖起而左右摇摆。幼虫共6龄，老龄向各处分散，为害严重。6月末、7月初，老熟幼虫在叶间结茧化蛹。7月中、下旬羽化，卵产在细枝上，成块，一排排横向环形排列，状若“顶针”故又称顶针虫。成虫有趋光性。

(3) 防治方法：①冬闲时采摘卵块销毁；②保护利用天敌，核多角体病毒和天幕毛虫抱寄蝇发生较多的地区，要发挥天敌对害虫的控制作用；③幼虫期喷洒80%敌敌畏乳剂或50%磷胺乳剂、50%马拉硫磷剂等有机磷农药1000~1500倍液，杀死幼虫。

4.2 杨扇舟蛾

杨扇舟蛾又称白杨天社蛾。幼虫取食叶片，常把树叶吃光，影响树木生长，严重为害各种杨树。

(1) 形态特征：成虫浅灰褐色，头顶有一块近椭圆形黑斑。前翅灰褐色，有灰白色横带4条；顶角处有一暗褐色扇形斑，斑下方有一个黑色圆点；后翅灰白色，中间有一条色泽较深的斜线。卵扁圆形，初产时橙色，以后呈紫红色。老熟幼虫体长约35mm，头部黑褐色，体灰白或灰绿色，密被灰白色长毛，每节有横列的红色肉瘤8个，上有长毛，两侧各有一个较大的黑瘤，上有白色细毛一束，腹部第一节和第八节背面中央有较大的红黑色肉瘤。蛹褐色，尾部分成两叉。茧椭圆形，灰白色。

(2) 生物学特性：辽宁1年2~3代，以蛹越冬。翌年4月成虫羽化，并进行交尾和产卵。5月初幼虫开始孵化，初孵幼虫有群集性，2龄以后吐丝卷叶成苞，聚集在叶苞内取食，幼龄幼虫仅取食叶肉，留下表皮和叶脉，被害叶呈透明网状，3、4龄后分散为害，取食整个叶片仅留叶柄。以3、4龄幼虫为害最重，常造成灾害。6月上旬第一代成虫开始出现，7月第二代成虫出现，8~9月第三代成虫出现。成虫夜间活动，有趋光性。10月份老熟幼虫在落叶、石缝或其他地被物内化蛹越冬。

(3) 防治方法：①在1、2龄幼虫群集取食时，及时摘除虫苞；②喷洒含1亿孢子/mL

的白僵菌、苏云金杆菌悬浮液杀死幼虫；③喷洒 50% 马拉硫磷乳剂 1000 倍液，80% 敌百虫 1000 倍液杀死幼虫。

4.3　杨毒蛾

杨毒蛾属鳞翅目、毒蛾科。幼虫取食杨、柳、白桦等树的叶片，可将叶片吃光，影响树木生长。

（1）形态特征：体长 14 ~ 23mm，翅展 35 ~ 52mm，全身被白色鳞毛，稍有光泽。雌蛾触角栉齿状，雄蛾羽毛状，触角主干黑色，有白色或灰色环节。足黑色，有白色环纹。卵馒头形，初产时灰褐色，孵化前黑褐色；卵成块状，上面覆盖白色胶状物，外表看不见卵粒。老熟幼虫长 30 ~ 50mm，黑褐色，背部中线黑色，两侧黄棕色，其下各有一条灰黑色纵带，各节均生有毛瘤，瘤上生有黄褐色长毛及少数黑色短毛。蛹体各节侧面均保留着幼虫期毛瘤特点，其上生黄褐色细毛，尾端有臀棘。

（2）生物学特性：多以 2 龄幼虫越冬，翌年 4 月中旬开始活动，5 月份食量很大，常在嫩枝上取食叶肉，留下叶脉。受惊扰即停食不动或吐丝下垂。大发生时数日内可把树叶吃光。幼虫有避光性，夜间上树取食，白天潜伏在树皮缝、树洞、树根附近的杂草内或石块、土块下。6 月老熟幼虫在树干基部枯落物、杂草及土块下或老树洞内化蛹，7 月成虫羽化。成虫傍晚羽化最多，白天静伏在叶背、小枝、杂草间，受惊时才飞出。晚上活动，有强烈的趋光性。雌蛾交尾后当晚便可产卵。卵产于树皮或叶子上，成块状，一头雌蛾可产卵 61 ~ 1100 粒，卵期约 10d。8 月上旬为第二代幼虫危害期，中下旬又开始化蛹。9 月初第二代幼虫孵出，初孵幼虫发育较慢，并可吐丝下垂，借风力传播，气候转冷即爬至树皮缝隙、树洞、枯枝落叶层、杂草或土质松软的表土下越冬。幼虫和蛹期的天敌有寄生蝇和白僵菌，卵期有赤眼蜂和卵小蜂寄生。

（3）防治方法：①在树干基部扎草束，诱集下树幼虫，然后集中销毁；②设置黑光灯诱杀成虫；③用 B. t. 乳剂 10 倍液，飞机喷雾，杀死幼虫；④用 80% 敌百虫 1000 倍液、50% 杀螟松乳剂或 50% 二溴磷乳剂 800 倍液喷洒树冠；用 50% 久效磷乳剂 50 倍液在树干涂毒环，杀死幼虫。

4.4　杨银潜叶蛾

（1）识别特征：在潜叶危害期间，叶片形成地道状潜痕，呈透明状，严重时造成落叶，影响幼树生长。

（2）防治方法：该虫一年 4 代，在 1、2 代幼虫孵化初期、盛期或成虫交尾期，喷洒 40% 氧化乐果乳油 1000 倍液或敌杀死 5000 倍液，防治效果较好。

参 考 文 献

1 王文权主编．辽宁省贯彻落实《中共中央国务院关于加快林业发展的决定》精神资料汇编．沈阳：辽宁人民出版社，2004

2 陈天民著．绿染辽宁．沈阳：辽宁人民出版社，2002

3 辽宁省林业厅主编．辽宁林业50年．1998

4 《辽宁森林》编辑委员会编著．辽宁森林．北京：中国林业出版社，1990

5 辽宁省林业厅速生林基地办公室．辽宁省速生林基地建设工程工作手册．2004

6 李善文等．中国杨树杂交育种研究进展．世界林业研究，2004，(2)

7 方升佐等编著．杨树定向培育．合肥：安徽科学技术出版社，2004

8 刘榕，史元增．甘肃杨树［M］．兰州：兰州大学出版社，1994

9 王明庥．林木遗传育种学［M］．北京：中国林业出版社，2001

10 陈鸿雕．杨树命名方法和主要杨树［J］．辽宁林业科技，1991，(4)

11 张绮纹等．杨树定向遗传改良及高新技术育种［M］．北京：中国林业出版社，1999

12 张绮纹等．杨树工业用材林新品种．北京：中国林业出版社，2003

13 王战，方振富．中国植物志．北京：科学出版社，1984

14 陈鸿雕等．抗病速生新杂交种辽宁杨、辽河杨、盖杨的选育．辽宁林业科技，1995，(5)

15 王富国等．辽西半干旱地区欧美杨类新无性系引种试验．辽宁林业科技，1995，(1)：36

16 兰荣光等．各杨树品种造林对比试验初报．辽宁林业科技，1994，21（5）：14～16

17 刘闯等．国内外杨树发展现状与趋势．辽宁林业科技，1993，(1)：47～50

18 于世全等．辽宁省林木良种繁育发展策略．辽宁林业科技，1993，(5)：3～7

19 王世成．浅谈辽宁省林木引种发展策略．辽宁林业科技，1992，(2)：3～4

20 姜尚文等．辽中地区杨树优良品种选择的试验研究．辽宁林业科技，1989，(5)：3～7

21 李思文．8种杨树生长状况的比较．辽宁林业科技，1988，8（5）：34～36

22 寇志臣等．锦州地区发展杨树良种的意见．辽宁林业科技，1984，(1)：19～22

23 陈大成等．园艺植物育种学．广州：华南理工大学出版社，2001

24 辽宁省小钻杨区域试验协作组．小钻杨无性系的遗传差异及其选择评价．辽宁林业科技，1993，(3)：1～6

25 周玉石．锦县小钻杨速生丰产林栽培技术的推广．辽宁林业科技，1989（增刊），13～15

26 陈章水．杨树栽培实用技术．北京：中国林业出版社，2004

27 陈鸿雕，董雁，郭玉芳等．杨树花粉植株 H_1 性状遗传及其选择利用的研究．杨树科技通讯，1981，(5)：7～15

28 东北林学院树木育种组．杨树单倍体花粉植株的诱导．遗传学报，1977，4（1）：49～54

29 郭建中，巴岩磊，苏砚凌等．小意杨花粉植株当代形态分离及越冬表现．新疆农业科学，1985，(4)：31～33

30 黑龙江林业科学研究院林业研究所．花药离体培养诱导杨树单倍体植株．遗传学报，1976，3（2）：145～149

31 季华译．杨树单倍体的生产．国外林业，1996，26（2）：14～17
32 金春英，王芬．小黑杨花粉植株叶子解剖比较．东北林业大学学报，1986，14（增刊）：89～93
33 辽宁省营口市杨树科学研究所．杨树花粉植株的诱导与培植技术的研究．林业科技通讯，1978，（1）：6～7
34 辽宁省营口市杨树试验站．杨树良种选育．全国杨树协作会议资料，1973，14～15
35 刘桂丰，杨传平，刘春华．小黑杨花粉植株的诱导．植物生理学通讯，2002，38（6）：591
36 刘玉喜，陆志华，詹亚光等．小黑杨花粉植株 H_1 株系间变异及其选择利用的研究．遗传学报，1992，19（3）：278～283
37 刘玉喜，陆志华，张培杲．杨树花粉植株的育性研究．东北林业大学学报，1986，14（1）：20～25
38 霍赫洛夫·C. C著，刘杰龙译．单倍体与育种．北京：农业出版社，1985
39 陆志华，刘玉喜．杨树花药培养及花粉倍性研究．见：陈正华主编．木本植物组织培养及其应用．1986，158～178
40 陆志华，刘玉喜，张培杲．杨树花培植株染色体自然加倍的研究．林业科学，1985，21（3）：227～232
41 陆志华，张方，刘玉喜等．杨树花粉植株体细胞染色体观察．林业科技通讯，1980，（1）：3～61
42 陆志华，张方，刘玉喜．杨树花粉植株的诱导及遗传表现的初步观察．见：花药培养学术讨论会文集．北京：科学出版社，1977，193～194
43 王敬驹，朱至清，孙敬三．杨树花粉植株的诱导．植物学报，1975，17（1）：56～59
44 王瑞玲，朱湘渝．杨树花粉植株细胞遗传学初步研究．中国林业科学院研究报告，1981，（1）：65～69
45 杨淑华，巴岩磊，郭建忠等．小意杨花粉植株的诱导．新疆农业科学，1982，（4）：28～29
46 张立功．杨树花粉植株的诱导和培植．见：花药培养学术讨论会文集．北京：科学出版社，1977，193～194
47 朱湘俞，王瑞玲，梁彦．杨树花粉植株的诱导．林业科学，1980，3（1）：190～197
48 罗斌，周士威．水培胡杨抗盐特性的研究．林业科学研究，1991，（5）：486～491
49 张立钦，郑勇平，金佩英．用组织培养技术筛选杨树耐盐种质．浙江林学院学报，1996，13（4）：397～404
50 李周岐，徐养福，郭军战．河北杨体细胞抗盐突变体抗性稳定性研究，1997，12（2）：80～84
51 詹亚光，刘玉喜，陆志华等．杨树花粉培养筛选耐盐变异体的研究．植物研究，1994，14（1）：98～103
52 李玲，韩一凡．杨树耐盐突变体筛选的研究．林业科学，1990，28（4）：359～392
53 赵茂林．组培方法筛选杨树耐碱性盐变异体的研究．山西林业科技，1989，（4）：19～22
54 张望东，张绮纹．群众杨悬浮细胞系的建立和耐盐体细胞变异体的初步筛选．林业科学，1994，30（5）：412～418
55 李驹，陈维玥．杨树耐盐细胞系的筛选及不定苗再生的研究．林业科技通讯，1984a，（1）：1～3

56 李周岐，周志华，郭军战等．河北杨体细胞抗盐突变体离体筛选的研究．西北林学院学报，1995，10（3）：1～7
57 李驹，陈维玥．杨树耐盐细胞系筛选及不定苗再生的研究．杨树科技通讯，1983，（5）：1～10
58 李驹，陈维玥．从细胞筛选产生耐盐杨树．杨树科技通讯，1984b，（3）：1～14
59 王东健，陈其凌，李铭等．胡杨不同生长阶段的耐盐性．新疆林业，1998，（4）：9～10
60 孙时轩等．林木育苗技术．北京：金盾出版社，2002
61 郝建华，陈耀华．园林苗圃育苗技术．北京：化学工业出版社，2003
62 王世成等．浅谈辽宁林业育苗工作的历史、现状和发展．辽宁林业科技，2004，（5）：29
63 孙时轩等．造林学．北京：中国林业出版社，1990
64 田颖锐等．造林学．北京：中国林业出版社，1994
65 杨成超，刘荣南．浅谈发展辽宁杨树产业．辽宁林业科技，2002，（5）：30～31
66 杨志岩，王胜东，梁鸿恩等．杨树纸浆林优化栽培模式的研究．林业科技开发，2004，（3）
67 杨志岩，王胜东，别婉丽等．杨树造纸林产量效益分析．辽宁林业科技，1995，（3）
68 梁鸿恩，杨志岩，王胜东等．杨树造纸林栽培密度及轮伐期的研究．辽宁林业科技，1999，（1）
69 胡崇富，杨志岩，王胜东．杨树纸浆林经济效益分析与评价．辽宁林业科技，2002，（3）
70 王敏，梁德军，王玉华等．速生杨树良种在辽宁省的区域栽培．辽宁林业科技，2002，（6）
71 杨志岩，李晓鹏，刘毅等．辽宁省杨树栽培生态气候区及适生品种．辽宁林业科技，2005，（4）
72 梁鸿恩．杨树工业用材林定向培育．辽宁林业科技，1996，（5）
73 梁鸿恩，胡崇富，侯维政．沙兰杨丰产林密度调整试验．辽宁林业科技，1991，（2）
74 梁鸿恩，胡崇富，徐德广，侯维政．杨树丰产林灌水追肥试验．辽宁林业科技，1991，（5）
75 梁鸿恩．关于杨树人工用材林合理造林密度的探讨．辽宁林业科技，1985，（5）
76 徐纬英．杨树．哈尔滨：黑龙江人民出版社，1988
77 杨成超，杨志岩．关于建设杨树速生丰产林基地若干问题的探讨．2000 年东北三省林学会、东北与内蒙古林区林木遗传育种研究会论文集
78 杨晓民．杨树伐根嫁接河北杨．林业实用技术，2003，（5）：26
79 常秀云等．杨树伐根嫁接更新技术研究．林业实用技术，2003，（8）：13
80 孟平等．中国复合农林业研究．北京：中国林业出版社，2003
81 辽宁省地方志编纂委员会办公室．辽宁省林业志．沈阳：辽宁民族出版社，1999
82 辽宁省林业厅．辽宁省林业生态建设公报，2004
83 别婉丽．值得推广的新树种银×榆．新农业，1990，（7）
84 杨成超．银白杨×白榆亲子鉴定及子代利用研究：［硕士学位论文］．北京：中国林业科学研究院图书馆，2005
85 李善文．杨树杂交亲本与子代遗传变异及其分子基础研究［D］．北京：北京林业大学图书馆，2004
86 何承忠．毛白杨遗传多样性及起源研究［D］．北京：北京林业大学图书馆，2005
87 孙淑芬等．黑龙江省杨树栽培生态气候区区划模糊聚类分析．防护林科技［J］，2004，（6）：32～34

88 唐启义等．实用统计分析及其 DPS 数据处理方法［M］．北京：科学出版社，2002

89 袁嘉祖等．模糊数学及其在林业中的应用［M］．北京：中国林业出版社，1986

90 杨成超等．辽宁省杨树速生丰产林投资经济评价．防护林科技，2004，(3)：58～59

91 李亚杰编著．中国杨树病虫．沈阳：辽宁科学技术出版社，1983

92 辽宁省林学会主编．森林病虫害图册．沈阳：辽宁科学技术出版社，1986

93 沈阳市国土区划办公室，沈阳森林病虫害防治检疫站编著．沈阳地区林业昆虫及主要林业病虫防治．沈阳：辽宁林业科技出版社，1991

94 张恩绵，潘成良等．用性信息素诱捕法大面积防治白杨透翅蛾技术的研究．新农业森林保护专集，1984

95 潘成良．辽宁省杨树蛀干害虫的发生与防治．辽宁林业科技，1987，(4)

96 潘成良等．杨树抗溃疡病选择育种研究．辽宁林业科技，1997，(5)

97 赵志成．杨干象化学防治研究．辽宁林业科技，2001，(1)

98 联合国粮食及农业组织．杨树与柳树．罗马，1979

99 Dickmann D I, Isebrands J G, Eckenwalder J E., et al. Poplar culture in North America [M], NRC Research Press, Ottawa, Ontario, Canada, 2001

100 FAO－international poplar commission subcommittee for nomenclature and registration. Rules of nomenclature of Populus L. cultivars (Electronic version), 2000

101 Trehane P, Brickell C D, Daum B R, et al. International code of nomenclature for cultivated Plants [M]. Quarter－jack Publishing, Wimborme, UK, 1995. 向其柏等译．北京：中国林业出版社，2004

102 Baldursson S, Krogstrup P, Norgaard J V. micropore embryogenesis in anther culture of three species of Populus and regeneration of dihapoid plants of Populus trichocarpa. Canadian Journal Forest Research, 1993, 23

103 Deutsch F, Kumlehn J, Ziegenhagen B, et al. Stable haploid poplar callus lines from immature pollen culture. Physiologia Plantarum, 2004, 120: 613～622

104 Ho RH, Raj Y. Haploid plant production through anther culture in poplars. For Ecol Manag, 1985, 13: 133～142

105 Kim JH, Noh EW, Park J I. Haploid plantlets formation through anther culture of Populus glandulosa. Research report of the institute of forest genetics, Korea. 1983, 19: 93～98

106 Kim JH, Moon HK, Park JI. Haploid plantlet induction through anther culture of populus maximowiczii. Research report of the institute of forest genetics, Korea. 1986, 22: 116～121

107 Lester DT, Berbee J G. Within－clone variation among black poplar trees derived from callus culture. Forest Science, 1977, 23 (1): 122～131

108 Mofidabadi A, Kiss J, Marzik－Kokey K, et al. Callus induction and haploid plant regeneration fromanther culture of two poplar species. Silvae Genet, 1995, 44: 141～145

109 Noh EW, Minocha S C. Pigment and isozyme variation in aspen shoots regenerated from callusculture. Plant cell, tissue and organ culture, 1990, 23: 39～44

110 Son SH, Moon HK, Hall R B. Somaclona variation in plants regenerated from callus cultureofhybridaspen (*Populus alba* × *P. grandidentata* Michx.) Plant science. 1993, 90: 89～94

111 Stoehr M, Zsuffa L. nduction of haploids in Populus maixmowiczii via embryogenic callus. Plant

cell, tissue and organ culture, 1990, 23: 49 ~ 58

112 Uddin MR, Meyer M M, Jokela JJ. Plantlet production from anthers of eastern cottonwood (*Populus deltoides*) . Canadian Journal of Forest Research, 1988, 18: 937 ~ 941

113 Ostry M, Hackett W, Michler C, et al. Influence of regeneration method and tissue source on the frequency of somatic variation in Populus to infection by Septoria musiva. Plant Science, 1997, 97: 209 ~ 215

114 John Fry D, Douglas G C, Saieed N T, et al, Somaclonal variation in Populus: An Evaluation. In Klopfenstein NB, Chun YW, Kim MS. Micropropagation, Genetic Engineering, and Molecular Biology of Populus. Rocky Mountain Forest and Range Experiment Sation. Fort Collins, Colorado, USA, Department of Agriculture, Forest Service, 44 ~ 49

115 Lee JS, Lee SK, Jang SS, et al. Variation in salt tolerance of hybrid poplars through in vitro culture. Research report institute forest genetics. Korea, 1986, 22: 139 ~ 144

116 Li C, Chen W. Induction of poplar resistant to Double stress factors NaCl and disease by in vitro screening. International poplar commission eighteenth session. Beijing, China. 1988, A

117 VOS P, HOGERS R, BLE EKER M, AFLP: a new technique for DNA fingerprinting [J]. Nucleic Acids Research, 1995, Vol. 23, No. 21: 4407 ~ 4414

附件 1

DB

辽宁省地方标准

DB21－778－814－94

林业经营数表

1994－07－26 发布　　　　1994－10－01 实施

辽宁省技术监督局　发布

辽 宁 省 地 方 标 准

DB21—778—94

林业经营数表（三）辽宁速生杨

1 主题内容与适用范围

本标准规定了测算速生杨树干削度、林木蓄积量、出材量的调查用表。

本标准适用于凡生长量达到 ZB B64006 规定标准的速生杨。

2 引用标准

ZB B64006 杨树人工速生丰产用材林

辽 Q1649—1659 林业经营数表

3 采用公式

3.1 树高方程：$H = 30.21349 - 385.4091/(D+10)$ (1)

3.2 胸径、相对直径换算方程：$D_{0.05} = 1.010296 + 1.09854D_{1.3} — 0.015833H$ (2)

3.3 树皮率方程：$D_{去} = 0.9255815D_{带} - 0.2449246$ (3)

3.4 根径、胸径换算方程：$D_{根} = 1.050176D_{1.3} + 0.7611646$ (4)

3.5 材积方程

3.5.1 树干总材积方程：

$$V = \int_0^H kf(D)^2 dH$$

$$= kD_{0.05}^2 H(B_1B_3/3 + B_1B_2/2 + (B_2^2 + 2B_1B_3)/5 + B_2B_3/3 + B_3^2/7 \quad (5)$$

3.5.2 各材长段材积方程：

$$V = \int_0^H kf(D)^2 dH$$

$$= kD_{0.05}^2 H(B_1^2(1-z^3)/3 + B_1B_2(1-z^4)/2 + (B_2^2 + 2B_1B_3)(1-z^5)/5 + B_2B_3(1-z^6)/3 + B_3^2(1-z^7)/7) \quad (6)$$

$B_1 = 1.372511$；$B_2 = 0.3360731$；$B_3 = 0.06924868$

3.6 削度方程：

$d_i = [1.372511(1-L/H) - 0.33607631(1-L/H)^2 - 0.06924868(1-L/H)^3]D_{0.05}$ (7)

式中：d_i——树干任意部位去皮直径；

$D_{0.05}$——树高 1/10 段中央直径；

H——树高；

L——任意部位材长；

$D_{带}$——带皮胸径；

$D_{去}$——去皮胸径；

$z = 1 - L/H$；

$k = \pi/4000$。

4　导算方法

4.1　削度表　将（1）式代入（7）式，按径阶计算出每 1/10 处去皮直径。

4.2　一元立木材积表　将（1）、（2）式代入（5）式，按 0.1cm 展开。

4.3　二元立木材积表　将（1）、（2）式代入（5）式，按相应直径、相应树高展开。

4.4　根径（D_0）一元立木材积表　将（4）式代入（1）式后，再将（1）、（2）式代入（5）式，按 0.1cm 展开。

4.5　任意材长段经济材出材率预测表（累计值）　将（1）、（2）、（3）式代入（5）、（6）两式，以材长 $L=2nm$（$n=1, 2, 3\cdots k$）处的直径为任意材长段的小头直径，求出任意材长段经济材出材率预测表。

4.6　商品材材种出材率表　将材种划分为大径材、中径材、小径材。大径材小头直径（下同）为 26cm 以上；中径材 20 ~ 26cm；小径材 6 ~ 20cm。以 2m 为材长组将大、中径材划分为 8、6、4m 3 组；小径材划分为 8、6、4、2m 4 组。仍采用任意材长段经济材出材率的预测方法求得商品材材种出材率表。

削度表。

一元立木材积表。

二元立木材积表。

根径一元立木材积表。

任意材长段经济材出材率预测表。

商品材材种出材率表。

附加说明：

本标准由辽宁省林业厅提出。

本标准由辽宁省林业勘测设计院负责起草。

本标准主要起草人钟志岩、肖柏辉、陈煜、孙双启、赵述德、丛日健、李晓玲、赵云秀、华凤慈。

DB21—778—94　速生杨树干削度表　　cm、m

		相对高度处去皮直径									
$D_{1.3}$	H	0.05	0.15	0.25	0.35	0.45	0.55	0.65	0.75	0.85	0.95
6	6.13	7.15	6.70	6.17	5.56	4.88	4.13	3.32	2.44	1.51	0.52
8	8.80	9.22	8.64	7.95	7.16	6.29	5.32	4.27	3.15	1.94	0.66
10	10.94	11.29	10.57	9.73	8.77	7.70	6.52	5.23	3.85	2.38	0.81
12	12.69	13.36	12.51	11.51	10.38	9.11	7.71	6.19	4.56	2.81	0.96
14	14.15	15.43	14.44	13.29	11.98	10.52	8.90	7.15	5.26	3.25	1.11
16	15.39	17.49	16.38	15.08	13.59	11.93	10.10	8.11	5.97	3.68	1.26
18	16.45	19.56	18.32	16.86	15.20	13.34	11.29	9.07	6.67	4.12	1.41
20	17.37	21.63	20.25	18.64	16.80	14.75	12.48	10.03	7.38	4.55	1.56
22	18.17	23.70	22.19	20.42	18.41	16.16	13.68	10.98	8.08	4.99	1.71
24	18.88	25.77	24.13	22.20	20.01	17.57	14.87	11.94	8.79	5.42	1.86
26	19.51	27.83	26.06	23.99	21.62	19.98	16.07	12.90	9.49	5.86	2.00
28	20.07	29.90	28.00	25.77	23.23	20.39	17.26	13.86	10.20	6.29	2.15
30	20.58	31.97	29.93	27.55	24.83	21.80	18.45	14.82	10.90	6.73	2.30
32	21.04	34.04	31.87	29.33	26.44	23.21	19.65	15.78	11.61	7.16	2.45
34	21.45	36.11	33.81	31.12	28.05	24.62	20.84	16.73	12.32	7.60	2.60
36	21.84	38.17	35.74	32.90	29.65	26.03	22.03	19.69	13.02	8.03	2.75
38	22.18	40.24	37.68	34.68	31.26	27.44	23.23	18.65	13.73	8.47	2.90
40	22.51	42.31	39.62	36.46	32.87	28.85	24.42	19.61	14.43	8.90	3.05

DB21—778—94 速生杨一元立木材积表

cm、m^3

$D_{1.3}$	0.0	0.1	0.2	0.3	0.4	0.5	0.6	0.7	0.8	0.9
5	0.0057	0.0061	0.0066	0.0070	0.0075	0.0080	0.0085	0.0090	0.0095	0.0100
6	0.0106	0.0111	0.0117	0.0123	0.0130	0.0136	0.0142	0.0149	0.0156	0.0163
7	0.0170	0.0178	0.0185	0.0193	0.0201	0.0209	0.0217	0.0225	0.0235	0.0243
8	0.0252	0.0261	0.0270	0.0280	0.0289	0.0299	0.0309	0.0319	0.0330	0.0340
9	0.0351	0.0362	0.0373	0.0384	0.0396	0.0408	0.0420	0.0432	0.0444	0.0456
10	0.0469	0.0482	0.0495	0.0508	0.0521	0.0535	0.0549	0.0563	0.0577	0.0591
11	0.0606	0.0620	0.0635	0.0650	0.0666	0.0681	0.0697	0.0713	0.0729	0.0745
12	0.0762	0.0779	0.0795	0.0813	0.0830	0.0847	0.0865	0.0883	0.0901	0.0919
13	0.0938	0.0957	0.0975	0.0995	0.1014	0.1033	0.1053	0.1073	0.1093	0.1113
14	0.1134	0.1155	0.1176	0.1197	0.1218	0.1240	0.1261	0.1283	0.1305	0.1328
15	0.1350	0.1373	0.1396	0.1419	1.4443	0.1466	0.1490	0.1514	0.1538	0.1563
16	0.1587	0.1612	0.1637	0.1663	0.1688	0.1714	0.1740	0.1766	0.1792	0.1819
17	0.1845	0.1872	0.1899	0.1927	0.1954	0.1982	0.2010	0.2038	0.2067	0.2095
18	0.2124	0.2153	0.2182	0.2212	0.2241	0.2271	0.2301	0.2332	0.2362	0.2393
19	0.2424	0.2455	0.2486	0.2518	0.2550	0.2582	0.2614	0.2646	0.2679	0.2712
20	0.2745	0.2778	0.2811	0.2845	0.2879	0.2913	0.2948	0.2982	0.3017	0.3052
21	0.3087	0.3122	0.3158	0.3194	0.3230	0.3266	0.3303	0.3339	0.3376	0.3413
22	0.3451	0.3488	0.3526	0.3564	0.3602	0.3641	0.3979	0.3718	0.3757	0.3796
23	0.3836	0.3876	0.3916	0.3956	0.3996	0.4037	0.4077	0.4118	0,4160	0.4201
24	0.4243	0.4285	0.4327	0.4369	0.4411	0.4454	0.4497	0.4540	0.4584	0.4627
25	0.4671	0.4715	0.4759	0.4804	0.4848	0.4893	0.4938	0.4984	0.5029	0.5075
26	0.5121	0.5167	0.5214	0.5260	0.5307	0.5354	0.5401	0.5449	0.5497	0.5545
27	0.5593	0.5641	0.5690	0.5739	0.5788	0.5837	0.5886	0.5936	0.5986	0.6036
28	0.6086	0.6137	0.6188	0.6239	0.6290	0.6341	0.6393	0.6445	0.6497	0.6549
29	0.6602	0.6655	0.6707	0.6761	0.6814	0.6868	0.6921	0.6976	0.7030	0.7084
30	0.7139	0.7194	0.7249	0.7304	0.7360	0.7416	0.7472	0.7528	0.7585	0.7641
31	0.7698	0.7755	0.7813	0.7870	0.7928	0.7986	0.8044	0.8103	0.8161	0.8220
32	0.8279	0.8339	0.8398	0.8458	0.8518	0.8578	0.8638	0.8699	0.8760	0.8821
33	0.8882	0.8944	0.9006	0.9068	0.9130	0.9192	0.9255	0.9318	0.9381	0.9444
34	0.9507	0.9571	0.9635	0.9699	0.9764	0.9828	0.9893	0.9958	1.0023	1.0089
35	1.0154	1.0220	1.0286	1.0353	1.0419	1.0486	1.0553	1.0620	1.0688	1.0756
36	1.0823	1.0892	1.0960	1.1028	1.1097	1.1166	1.1235	1.1305	1.1375	1.1444
37	1.1515	1.1585	1.1655	0.1726	0.1797	1.1868	1.1940	1.2012	1.2083	1.2155
38	1.2228	0.2300	1.2373	1.2446	1.2519	1.2593	1.2666	1.2740	1.2814	1.2889
39	1.2963	1.3038	1.3113	1.3188	1.3263	1.3339	1.3415	1.3491	1.3567	1.3644
40	1.3720	1.3797	1.3875	1.3952	1.4030	1.4107	1.4186	1.4264	1.4342	1.4421

DB21—778—94　速生杨二元立木材积表

cm、m、m^3

$D_{1.3}$ \ H	6	7	8	9	10	11	12	13	14	15	16	17	18	19	20	21	22	23	24	25	26
6	0.0104	0.0120	0.0137	0.0154	0.0170	0.0186	0.0202	0.0218													
8		0.0201	0.0229	0.0257	0.0285	0.0312	0.0340	0.0367	0.0394												
10			0.0345	0.0388	0.0430	0.0471	0.0513	0.0554	0.0595	0.0636											
12				0.0545	0.0604	0.0663	0.0721	0.0780	0.0838	0.0896	0.0953										
14					0.0808	0.0887	0.0965	0.1044	0.1122	0.1200	0.1277	0.1354	0.1431								
16						0.1143	0.1245	0.1346	0.1448	0.1548	0.1649	0.1749	0.1848	0.1948							
18							0.1560	0.1688	0.1815	0.1941	0.2067	0.2193	0.2319	0.2444	0.2568						
20							0.1911	0.2067	0.2223	0.2379	0.2534	0.2688	0.2842	0.2996	0.3149	0.3302					
22							0.2297	0.2485	0.2673	0.2860	0.3047	0.3233	0.3419	0.3605	0.3790	0.3974	0.4158				
24								0.2942	0.3164	0.3386	0.3608	0.3829	0.4049	0.4269	0.4489	0.4708	0.4926	0.5144			
26								0.3437	0.3637	0.3957	0.4216	0.4475	0.4733	0.4990	0.5247	0.5504	0.5760	0.6015			
28								0.3970	0.4271	0.4572	0.4872	0.5171	0.5470	0.5768	0.6065	0.6362	0.6658	0.6954	0.7249		
30									0.4887	0.5231	0.5575	0.5918	0.6260	0.6601	0.6942	0.7282	0.7622	0.7961	0.8299	0.8637	
32									0.5544	0.5935	0.6325	0.6714	0.7103	0.7491	0.7878	0.8265	0.8651	0.9036	0.9421	0.9804	
34									0.6243	0.6683	0.7123	0.7561	0.8000	0.8437	0.8874	0.9310	0.9745	1.0179	1.0613	1.1046	
36										0.7475	0.7968	0.8459	0.8949	0.9439	0.9928	1.0416	1.0904	1.1390	1.1876	1.2361	1.2846
38										0.8312	0.8860	0.9407	0.9953	1.0498	1.1042	1.1585	1.2128	1.2670	1.3211	1.3751	1.4290
40										0.9194	0.9800	1.0405	1.1009	1.1612	1.2215	1.2816	1.3417	1.4017	1.4616	1.5214	1.5812

DB21—778—94 速生杨根径一元立木材积表 cm、m、m^3

D	0.0	0.1	0.2	0.3	0.4	0.5	0.6	0.7	0.8	0.9
7	0.0102	0.0108	0.0113	0.0119	0.0125	0.0131	0.0137	0.0143	0.0149	0.0156
8	0.0163	0.0169	0.0176	0.0184	0.0191	0.0198	0.0206	0.0214	0.0222	0.0230
9	0.0238	0.0246	0.0255	0.0264	0.0273	0.0282	0.0291	0.0300	0.0310	0.0320
10	0.0329	0.0340	0.0350	0.0360	0.0371	0.0381	0.0392	0.0403	0.0415	0.0426
11	0.0438	0.0449	0.0461	0.0473	0.0486	0.0498	0.0511	0.0523	0.0536	0.0550
12	0.0563	0.0576	0.0590	0.0604	0.0618	0.0632	0.0646	0.0661	0.0676	0.0691
13	0.0706	0.0721	0.0736	0.0752	0.0768	0.0784	0.0800	0.0816	0.0833	0.0849
14	0.0866	0.0883	0.0900	0.0918	0.0935	0.0953	0.0971	0.0989	0.1008	0.1026
15	0.1045	0.1064	0.1083	0.1102	0.1121	0.1141	0.1161	0.1181	1.1201	0.1221
16	0.1242	0.1263	0.1284	0.1305	0.1326	0.1347	0.1369	0.1391	0.1413	0.1435
17	0.1458	0.1480	0.1503	0.1526	0.1549	0.1572	0.1596	0.1620	0.1644	0.1668
18	0.1692	0.1716	0.1741	0.1766	0.1791	0.1816	0.1842	0.1867	0.1893	0.1919
19	0.1945	0.1972	0.1998	0.2025	0.2052	0.2079	0.2106	0.2134	0.2161	0.2189
20	0.2217	0.2246	0.2274	0.2303	0.2332	0.2361	0.2390	0.2419	0.2449	0.2479
21	0.2509	0.2539	0.2569	0.2600	0.2631	0.2662	0.2693	0.2724	0.2756	0.2788
22	0.2820	0.2852	0.2884	0.2917	0.2949	0.2982	0.3015	0.3049	0.3082	0.3116
23	0.3150	0.3184	0.3218	0.3252	0.3287	0.3322	0.3357	0.3392	0.3428	0.3463
24	0.3499	0.3535	0.3571	0.3608	0.3644	0.3681	0.3718	0.3755	0.3793	0.3830
25	0.3868	0.3906	0.3944	0.3982	0.4021	0.4060	0.4099	0.4138	0.4177	0.4217
26	0.4256	0.4296	0.4336	0.4377	0.4417	0.4458	0.4499	0.4540	0.4581	0.4623
27	0.4664	0.4706	0.4748	0.4791	0.4833	0.4876	0.4919	0.4962	0.5005	0.5049
28	0.5092	0.5136	0.5180	0.5224	0.5269	0.5313	0.5358	0.5403	0.5449	0.5494
29	0.5540	0.5585	0.5632	0.5678	0.5724	0.5771	0.5818	0.5865	0.5912	0.5959
30	0.6007	0.6055	0.6103	0.6151	0.6199	0.6248	0.6297	0.6346	0.6395	0.6444
31	0.6494	0.6544	0.6594	0.6644	0.6694	0.6745	0.6796	0.6847	0.6898	0.6949
32	0.7001	0.7052	0.7104	0.7157	0.7209	0.7261	0.7314	0.7367	0.7420	0.7474
33	0.7527	0.7581	0.7635	0.7689	0.7744	0.7798	0.7853	0.7908	0.7963	0.8018
34	0.8047	0.8130	0.8185	0.8242	0.8298	0.8355	0.8411	0.8468	0.8525	0.8583
35	0.8640	0.8698	0.8756	0.8814	0.8872	0.8931	0.8990	0.9049	0.9108	0.9167
36	0.9227	0.9286	0.9346	0.9406	0.9467	0.9527	0.9588	0.9649	0.9710	0.9771
37	0.9833	0.9895	0.9957	1.0019	1.0081	1.0144	1.0206	1.0269	1.0332	1.0396
38	1.0459	1.0523	1.0587	1.0651	1.0715	1.0780	1.0845	1.0909	1.0975	1.1040
39	1.1105	1.1171	1.1237	1.1303	1.1370	1.1436	1.1503	1.1570	1.1637	1.1704
40	1.1772	1.1839	1.1907	0.1975	1.2044	1.2112	1.2181	1.2250	1.2319	1.2388

DB21—778—94　速生杨任意材长段经济材出材率预测表

cm、m、m^3、%

胸径	树高	材积	材长	总出材率	2		4		6		8		10		12		14		16		18		20	
					D	E	D	E	D	E	D	E	D	E	D	E	D	E	D	E	D	E	D	E
6	6.1	0.0106	3.1	68.0	5.1	51.6																		
8	8.8	0.0252	5.6	75.8	7.2	38.7	5.6	64.6																
10	10.9	0.0469	7.7	78.5	9.2	32.1	7.7	56.0	5.8	71.5														
12	12.7	0.0762	9.6	79.7	11.1	28.1	9.6	50.3	7.8	66.1	5.8	75.8												
14	14.2	0.1134	11.2	80.3	12.9	25.5	11.5	46.2	9.7	61.9	7.7	72.5	5.4	78.5										
16	15.4	0.1587	12.6	80.7	14.8	23.6	13.3	43.2	11.5	58.6	9.5	69.6	7.2	76.6	4.7	80.2								
18	16.4	0.2124	13.8	80.9	16.7	22.2	15.1	40.9	13.3	55.9	11.2	67.2	8.9	74.7	6.4	79.2								
20	17.4	0.2745	14.8	81.1	18.5	21.1	16.9	39.1	15.1	53.8	12.9	65.1	10.6	73.1	8.0	78.1	5.2	80.6						
22	18.2	0.3451	15.8	81.2	20.4	20.2	18.7	37.7	16.8	52.1	14.6	63.4	12.2	71.6	9.5	77.0	6.7	80.0						
24	18.9	0.4243	16.6	81.3	22.2	19.5	20.5	36.5	18.5	50.6	16.3	61.9	13.8	70.3	11.1	76.0	8.1	79.4	4.9	81.0				
26	19.5	0.5121	17.3	81.3	24.1	18.9	22.3	35.4	20.2	49.4	17.9	60.6	15.4	69.1	12.5	75.1	9.5	78.8	6.2	80.8				
28	20.1	0.6086	18.0	81.3	25.9	18.4	24.1	34.6	22.0	48.3	19.6	59.4	16.9	68.1	14.0	74.2	10.9	78.3	7.5	80.5				
30	20.6	0.7139	18.6	81.4	27.8	18.0	25.9	30.8	23.7	47.4	21.2	58.5	18.4	67.1	15.4	73.5	12.2	77.7	8.7	80.2	5.1	81.2		
32	21.0	0.8279	19.1	81.4	29.6	17.6	27.6	33.2	25.4	46.6	22.8	57.6	20.0	663	16.9	72.8	13.5	77.2	10.0	79.8	6.2	81.1		
34	21.5	0.9507	19.6	81.4	31.5	17.3	29.4	32.6	27.1	45.8	24.4	56.8	21.5	65.5	18.3	72.1	14.9	76.7	11.2	79.5	7.3	81.0		
36	21.8	1.0823	20.0	81.4	33.3	17.0	31.2	32.1	28.8	45.2	26.0	56.1	23.0	64.9	19.7	71.5	16.2	76.2	12.4	79.2	8.4	80.8	4.1	81.4
38	22.2	1.2228	20.4	81.4	35.2	16.8	33.0	31.7	30.5	44.6	27.6	55.5	24.5	64.3	21.2	71.0	17.5	75.8	13.6	78.9	9.4	80.7	5.0	81.4
40	22.5	1.3720	20.8	81.4	37.0	16.5	34.7	31.3	32.1	44.1	29.2	54.9	26.0	63.7	22.6	70.5	18.8	75.4	14.8	78.7	10.5	80.5	6.0	81.3

DB21—778—94 速生杨商品材材种出材率表 cm、m、m^3、%

胸径	树高	总材积	成材材积	商品材														树皮率
				经济材												薪材	总计	
				规格材											非规格材	合计			
				大径材			中径材			小径材				小计					
				8	6	4	8	6	4	8	6	4	2						
8	8.8	0.0252	0.0098										38.7	38.7	36.9	75.6	3.6	79.2	18.5
10	10.9	0.0469	0.0263									56.0		56.0	22.4	78.1	1.9	80.0	18.3
12	12.7	0.0762	0.0504								66.1			66.1	13.3	79.4	1.1	80.5	18.1
14	14.2	0.1134	0.0822							72.5				72.5	7.9	80.4	0.6	81.0	17.9
16	15.4	0.1587	0.1216							69.6			7.0	76.6	3.9	80.5	0.5	81.0	17.6
18	16.4	0.2124	0.1682							67.2		12.0		79.2	1.7	80.9	0.3	81.2	17.4
20	17.4	0.2745	0.2144							65.1		13.0		78.1	2.9	81.0	0.2	81.2	17.2
22	18.2	0.3451	0.2764							63.4	16.7			80.1	1.0	81.1	0.2	81.3	17.0
24	18.9	0.4243	0.3373						36.5	39.6			3.4	79.5	1.7	81.2	0.1	81.3	16.8
26	19.5	0.5152	0.4138					49.4		29.5			1.9	80.8	0.4	81.2	0.1	81.3	16.6
28	20.1	0.6086	0.4899					48.3		30.0			2.2	80.5	0.8	81.3	0.1	81.4	16.3
30	20.6	0.7139	0.5718			33.8			24.6	21.7				80.1	1.2	81.3	0.1	81.4	16.1
32	21.0	0.8279	0.6714			33.2		33.1		14.8				81.1	0.2	81.3	0.1	81.4	15.9
34	21.5	0.9057	0.7691		45.8				19.7	15.4				80.9	0.6	81.5		81.5	15.7
36	21.8	1.0832	0.8745	56.1					15.4		9.3			80.8	0.7	81.5		81.5	15.5
38	22.2	1.2228	0.9869	55.5					15.5		9.7			80.7	0.8	81.5		81.5	15.2
40	22.5	1.3720	1.1154	54.9					15.6	10.8				81.3	0.3	81.6		81.6	15.0

附件 2

DB

辽宁省地方标准

DB21/T-927-1997

杨树人工林集约经营技术

1997-02-01 发布　　　　1997-03-01 实施

辽宁省技术监督局　发布

前　　言

我省杨树人工林的栽培已有多年的历史，栽培区域广泛，栽培面积逐年扩大，为适应造林生产形势发展需要，规范造林技术，提高造林成效，进一步促进杨树人工林由粗放经营向集约经营方向发展，不断提高经济效益和社会效益，促进国际、国内的技术交流和友好往来，特制定本标准。

本标准包括栽培区划，树种组及计算标准年龄，集约经营各项指标，集约栽培技术，规划设计与技术档案。

本标准由辽宁省林业厅提出。

本标准起草单位：辽宁省林业厅世行项目办
辽宁省林业厅造林处
辽宁省杨树研究所
新民市国营机械林场

本标准主要起草人：史广海、刘金声、梁洪恩、沙德纯、赵凯峰、宋桂珍、赵文忠。

目 录

辽宁省地方标准

DB21/T—927—1997

杨树人工林集约经营技术

1 范围

本标准规定了杨树人工林集约经营技术的栽培区的划分、树种组及计算标准年龄、集约经营各项指标、集约栽培技术、规划设计与技术档案。

本标准适用于国营、集体和个体营造的杨树人工林。

2 引用标准

下列标准包含的条文，通过在本标准中引用而构成为本标准的条文。在标准出版时，所示版本均为有效。所有标准均会被修订，使用本标准的各方应探讨使用下列标准最新版本的可能性。

DB21—859—1995　杨树主要蛀干害虫防治技术

DB21/T—892—1996　杨树溃疡病防治技术

3 定义

本标准采用下列定义。

3.1　集约经营

在一定面积的土地上，投放较多的生产资料或活动，采用先进的技术措施，进行精耕细作的林业经营方式。

3.2　品种组

为经营和统计的方便，可把生物学特性和生态学特性相近似，并且经营措施一致、年生长量相似的品种合并成组，称为品种组。

3.3　定向培育

从规划开始就首先确定培育目的和方向，按培育目的和方向确定培育措施。

4 栽培区划分

根据集约经营杨树人工林栽培区的自然地理要素、生态条件和主栽杨树品种生长情况划分4个区。

Ⅰ. 辽南、辽中平原湿润区

Ⅱ. 辽西平原丘陵半湿润区

Ⅲ. 辽北低丘平原半湿润区

Ⅳ. 西部山地丘陵半干旱区

各栽培区区划见表1。

表 1 杨树集约经营人工林栽培区划

栽 培 区	气候条件（年平均）	重 点 地 区
辽南辽中平原湿润区	降水量 607～693mm 蒸发量 1431～1794mm 气温 7.5～9.4℃ 积温 3348～3614℃ 无霜期 159～171 天	营口、盖县、辽中、台安、新民、辽阳、灯塔、凌海、海城、黑山、北镇、绥中、盘山县沿河流域的河滩地
辽西平原丘陵半湿润区	降水量 520～627mm 蒸发量 1705～1977mm 气温 7.1～9.1℃ 积温 3280～3532℃ 无霜期 150～177 天	阜新、彰武东部地区沿河流域的河滩地，朝阳、义县南部地区沿河流域的河滩地
辽北低丘平原半湿润区	降水量 524～683mm 蒸发量 1356～2018mm 气温 6.5～7.3℃ 积温 3183～3352℃ 无霜期 145～154 天	昌图、开原、铁岭、康平、法库的沿河流域
西部山地丘陵半干旱区	降水量 452～584mm 蒸发量 1717～2198mm 气温 5.5～8.3℃ 积温 2810～3501℃ 无霜期 129～154 天	建昌、北票、建平、喀左和阜新、彰武的北部、义县的北部沿河流域

5 树种组及计算标准年龄

5.1 沙兰杨组计算标准年龄 11 年（含 I－214 杨及与其生长速度相近的其他欧美杨类）。

5.2 小钻杨组计算标准年龄 14 年（含群众杨、昭林 6 号杨、赤峰 34 号杨、36 号杨、喀左小钻杨、彰武小钻杨、鞍杂杨、锦县小钻杨及小黑杨）。

5.3 辽宁杨组计算标准年龄为 10 年（含辽河杨、盖杨、W13 杨、W14 杨、中林 46 杨及荷兰 3930 杨）。

6 集约经营各项指标

6.1 计算标准年龄低限生长量指标见表 2。

表 2 计算标准年龄生长量指标

栽培区	树种	大径材生长指标		中小径材生长指标	
		胸径 (cm)	年均蓄积生长量 (m^3/hm^2)	胸径 (cm)	年均蓄积生长量 (m^3/hm^2)
I	小钻杨组	30.0	13.5	23.0	13.9
	辽宁杨组	32.0	18.8	30.0	19.5

（续）

栽培区	树种	大径材生长指标		中小径材生长指标	
		胸径（cm）	年均蓄积生长量（m^3/hm^2）	胸径（cm）	年均蓄积生长量（m^3/hm^2）
Ⅱ	北京杨组	25.0	12.0	22.9	12.9
	小钻杨组	26.0	12.0	22.1	12.0
	辽宁杨组	30.0	18.0	25.0	18.0
Ⅲ	小钻杨组	25.0	12.0	21.5	12.5

6.2 各树种不同年龄低限生长量指标见表3、表4、表5、表6。

表3 小钻杨组中小径材人工林生长量指标

年龄 \ 指标 \ 栽培区	Ⅰ		Ⅱ		Ⅲ、Ⅳ	
	胸径（cm）	树高（m）	胸径（cm）	树高（m）	胸径（cm）	树高（m）
2	3.0	3.1	2.9	3.0	2.9	3.0
3	4.1	4.5	3.9	4.0	3.6	4.0
4	5.7	5.8	5.4	5.0	5.1	5.2
5	8.4	7.2	8.0	6.4	7.2	6.6
6	11.9	9.0	10.9	8.1	9.5	8.1
7	14.9	11.4	13.7	10.3	11.2	10.2
8	17.5	13.4	16.6	12.0	13.3	12.0
9	19.3	15.0	18.6	13.4	15.2	13.4
10	20.5	16.1	19.5	14.4	16.7	14.5
11	21.3	16.8	20.2	15.1	18.2	15.1
12	22.0	17.6	20.9	15.8	19.3	15.9
13	22.7	18.2	21.6	16.4	20.4	16.5
14	23.3	18.9	22.1	17.0	21.5	17.0
15	23.8	19.5	22.6	17.6	22.0	17.7

表4 小钻杨组大径材人工林生长量指标

年龄 \ 指标 \ 栽培区	Ⅰ		Ⅱ		Ⅲ、Ⅳ	
	胸径（cm）	树高（m）	胸径（cm）	树高（m）	胸径（cm）	树高（m）
2	3.0	3.1	2.9	3.0	2.9	3.0
3	4.1	4.5	3.9	4.0	3.6	4.0
4	5.7	5.8	5.4	5.0	5.1	5.2
5	8.4	7.2	8.0	6.4	7.2	6.6
6	12.0	9.0	11.0	8.3	9.7	8.2
7	15.2	11.6	13.9	10.7	11.9	10.4

（续）

年龄 \ 指标 \ 栽培区	Ⅰ		Ⅱ		Ⅲ、Ⅳ	
	胸径（cm）	树高（m）	胸径（cm）	树高（m）	胸径（cm）	树高（m）
8	18.2	13.8	16.9	12.5	14.1	12.2
9	21.0	15.6	19.5	14.0	16.3	13.8
10	23.1	16.9	20.6	15.1	18.5	15.0
11	24.9	18.0	21.9	16.2	20.4	16.1
12	26.5	19.1	23.6	17.4	22.2	17.0
13	28.4	20.0	24.9	18.5	23.8	17.9
14	30.0	20.5	26.0	19.6	25.0	18.8
15	31.8	20.9	27.1	20.1	26.0	19.7

表 5　沙兰杨组人工林生长量指标

年龄 \ 指标 \ 栽培区	Ⅰ			
	大径材		中小径材	
	胸径（cm）	树高（m）	胸径（cm）	树高（m）
2	3.2	3.5	3.0	3.0
3	7.4	5.6	6.0	5.0
4	10.5	8.7	8.1	7.3
5	14.4	12.0	12.0	9.7
6	18.5	15.3	16.0	12.2
7	21.5	18.0	18.1	14.5
8	24.3	20.2	20.5	16.7
9	26.6	21.8	22.3	18.0
10	28.6	22.8	23.5	18.9
11	30.0	24.1	24.6	19.7
12	31.5	25.1	25.5	20.5
13	33.3	25.8	26.6	21.3
14	34.5	26.4	27.6	22.1
15	36.0	26.9	28.6	23.0

表 6　辽宁杨组人工林生长量指标

年龄 \ 指标 \ 栽培区	大径材				中小径材			
	Ⅰ		Ⅱ		Ⅰ		Ⅱ	
	胸径（cm）	树高（m）	胸径（cm）	树高（m）	胸径（cm）	树高（m）	胸径（cm）	树高（m）
2	6.0	6.8	5.5	6.0	3.0	2.0	2.0	1.8
3	9.5	8.7	9.0	8.0	6.5	3.5	6.2	3.3
4	13.0	11.6	12.5	11.0	10.0	5.4	9.2	5.0
5	16.5	14.5	15.5	13.8	13.3	7.6	11.2	7.2

（续）

年龄 \ 栽培区 \ 指标	大径材				中小径材			
	Ⅰ		Ⅱ		Ⅰ		Ⅱ	
	胸径（cm）	树高（m）	胸径（cm）	树高（m）	胸径（cm）	树高（m）	胸径（cm）	树高（m）
6	20.0	16.0	19.0	15.0	16.4	10.6	14.0	10.0
7	23.5	17.2	22.0	16.0	19.5	13.5	16.8	12.5
8	26.5	18.4	25.0	17.1	22.6	16.0	19.8	14.0
9	30.0	19.7	27.5	18.2	25.9	18.2	22.6	15.5
10	32.0	21.0	30.0	19.3	30.0	20.1	25.0	16.5
11	34.0	22.1	32.0	20.4				
12	35.5	22.9	33.5	21.5				
13	37.0	23.8	34.5	22.5				
14	38.2	24.6	36.0	23.4				
15	40.0	25.3	37.0	24.1				

6.3　各树种轮伐期见表7

表7　各树种轮伐期

培育方向	树种	轮伐期（年）	平均胸径（cm）
中小径级	北京杨组	10~15	18~25
	小钻杨组	10~15	17~24
	辽宁杨组	6~10	14~30
大径级	北京杨组	15~20	24~40
	小钻杨组	15~20	22~40
	沙兰杨组	10~15	29~36
	辽宁杨组	10~15	30~40

6.4　集约经营杨树人工林应集中连片，规模经营，每片面积不得少于2hm²。

6.5　造林成活率95%以上，保存率90%以上。

7　集约栽培技术

7.1　造林地的选择

造林地要地势平坦，土层厚度1m以上，土壤质地砂壤、轻壤、中壤；地下水位1~3m；土壤酸碱度pH值在6.5~8.0，含盐量低于3‰；石砾含量要在20%以下，要远离杨树病虫源地60m以上。

7.2　整地

造林地要在造林前一年全面清除杂草、灌木和伐根，用拖拉机全面翻、耙、压，翻地深度25cm以上，不留生格，耙碎土壤，镇压平整。

7.3　苗木

7.3.1　苗木规格

辽宁杨组、沙兰杨组采用一年生截干苗造林。地径1.8cm以上，根长25cm以上，根桩高20~40cm；小钻杨组采用2年根一年干整株造林，苗高2m以上，根径2.0cm以上，根长30cm以上，侧根发达。

7.3.2　苗木检疫和选苗

苗木出圃前要严格进行检疫和选苗，苗木应无病虫、也无机械损伤，苗干通直，根系完整，充分木质化。将合乎规格的出圃苗按地径和高度分档栽植。

7.3.3 苗木起运

起苗要用起苗犁，起苗后将合格苗木运往造林地块。就近运往造林地的苗木可以随起苗，随运输，随栽植；远距离运输的苗木必须用苫布将苗木遮严，以免风吹、日晒、失水和冻害。暂时不栽的苗木要假植好。

7.4 栽植密度

培育大径材，其配植为 8m×8m、6m×8m、4m×10m、6m×6m、4m×8m、5m×6m 的株行距；培育中小径材，其配植为 4m×5m、3m×5m、2m×8m、2m×6m 等株行距。

7.5 栽植技术

7.5.1 定点挖穴

按设计的密度进行定点挖穴，点要分布均匀，并成直线；栽植穴的规格应为 50cm×50cm×50cm 或 60cm×60cm×60cm。

7.5.2 施肥、苗木浸泡

有条件的地方造林前要先施基肥；栽植前将苗木水浸 24h 以上，根蘸泥浆或吸湿剂。

7.5.3 植苗造林

截干苗造林以秋季为宜。

栽植方法：将苗木放进坑后，回填表土至苗木的根际处，然后扶正踩实。待苗木全部栽完后，再进行第二次培土，有条件的还可以浇足水后再培土。填平踩实后，再将苗木全部埋上，并留一个高约 10cm 左右的小土堆；翌年春扒掉土堆。

整株苗造林，应在春季进行。可采用大坑中心植法，要保证根系舒展，浇足底水，扶正培土、踩实。

7.6 幼林抚育

7.6.1 松土除草

松土除草与林地间种结合，行间以耕代抚，株间与间种作物的松土除草同时进行。每年松土除草 3~4 次；间种结束后或没实行间种的第 4 年以后，每年一次。

7.6.2 间种

间种年限视株行距大小和间种的作物而定。间种时必须在树的两侧各留 0.5m 的保护带。要严禁间种影响幼树生长的作物。

7.6.3 定株除萌

截干苗造林，要及时定株除萌。当萌条长到 15~20cm 时，要选留一个粗壮的萌条培育主干，其余萌条全部抹去。在 7~8 月间，要剪去 1m 以下的侧枝。

7.7 修枝整形

2~3 年生的幼树，要在冬季剪掉影响顶部生长的竞争枝、卡脖枝。第三年生开始进行隔年修枝（即 3 年生冬季修掉第一轮枝，5 年生修第二轮枝，以此类推，修 3~4 次，保证主干 8m 以下无侧枝，并要剪去主干上的萌条。

修枝工具要锐利、切口要平滑，紧贴树干，不留桩。

7.8 追肥

对进行间种的幼林不必追肥，停止间种后可根据土壤缺肥情况确定追肥种类和数量。

对未进行间种的幼林，一般每株幼树每年应施尿素或磷酸二铵 0.1kg。

7.9 林地翻耕

对停止间种后的林地，每年秋后，用拖拉机翻耕或重耙一次，将杂草和落叶一并翻入土中。

7.10 病虫害防治

做好病虫害的预测预报，做到及时发现，及时防治。

防治方法可按 DB21—859、DB21/T—892 执行。

7.11 护林防火

落实管护责任制，防止人畜危害和火灾。

8 规划设计与技术档案

8.1 规划设计

造林前必须进行定向培育总体规划，按小班作出施工设计，绘制造林设计图，按规划设计编制小班经营方案，按设计施工。

8.2 标准地设置

以小班为单位，设置一块有代表性固定标准地，标准地面积可视株行距大小而定，一般以 50 ~ 100 株树所含面积为宜。

8.3 标准地的观测

逐年观测记载实施的各项技术措施及效果，每年对标准地进行一次调查。5 年生以上还要计算蓄积量和蓄积生长量。

8.4 建立技术档案

应将造林规划、施工设计、经营方案、标准地调查记录及计算结果、验收报告等有关资料进行归档，文字图表、照片要准确、清晰、整洁。

附件3

DB21

辽宁省地方标准

DB21/T 1365－2005

人工商品用材林建设技术规程

2005－03－1 发布　　　　2005－04－01 实施

辽宁省质量技术监督局　发布

DB21/T 1365 -2005

前　言

森林分类经营以来，我省尚未制定相应的技术标准，给基层生产带来很大困难。为了满足林业生产的急需，促进全省林业建设健康快速发展，特制定《人工商品用材林建设技术规程》。该规程根据我省的实际情况，就人工商品用材林培育过程中的有关技术环节，进行了全面的要求和规范。特别是引用了国内外先进的人工商品用材林培育技术，应用到本规程中。本规程详细规定了主要造林树种的栽培区划、树种组及计算标准年龄、经营指标、栽培技术、规划设计与技术档案等技术要求。

本规程属于首次发布。

本规程由辽宁省林业厅提出。

本规程由辽宁省林业厅植树造林处起草。

本规程主要起草人：史广海　陈凡　齐素君　张萍　徐小刚　范志静　董红　王树森

DB21/T 1365－2005

目　录

DB21/T 1365－2005

人工商品用材林建设技术规程

1　范围

本标准规定了人工商品用材林的定义、栽培区划分、树种组及计算标准年龄、经营指标、栽培技术、采伐、规划设计与技术档案管理。

本标准适用于人工商品用材林。

2　规范性引用文件

下列文件中的条款通过本标准的引用而成为本标准的条款。凡是注日期的引用文件，其随后所有的修改单（不包括勘误的内容）或修订版均不适用于本标准，然而，鼓励根据本标准达成协议的各方研究是否可使用这些文件的最新版本。凡是不注日期的引用文件，其最新版本适用于本标准。

DB21/T 859—1995　杨树蛀干害虫防治技术

DB21/T 892—1996　杨树溃疡病防治技术

DB21/T 927—1997　杨树人工林集约经营技术

DB21/T 1292—2004　主要造林树种苗木质量分级

3　定义

本标准采用下列定义。

3.1　人工商品用材林

人工培育的以生产木材、薪炭及其它工业原料等为主要经营目标的森林和灌木林。包括用材林、薪炭林、红松果材兼用林、条材林。

3.1.1　用材林

人工培育的以生产木材为主要目的的森林和林木分，为工业原料林，速生丰产用材林，一般用材林。

3.1.1.1　工业原料林

以生产工业用木质原料为主要目的，定向培育的森林和林木。

3.1.1.2　速生丰产用材林

人工培育的，生长指标达到相应树种速生丰产林国家或省颁标准的森林和林木。

3.1.1.3　一般用材林

人工培育的以生产木材为主要目的，且生长指标达不到速生标准的森林和林木。

3.1.2　薪炭林

以生产木质燃料为主要目的，兼有其他效益的森林和林木。

3.2　树种组

为经营和统计的方便，可把生物学特性和生态学特性相近似，并且经营措施基本一致，年生长量相似的树木品种合并成组，称树种组。

3.3　定向培育

从规划开始就确定培育目的和方向，按培育的目的和方向确定培育措施。

4　栽培区划分

4.1　根据地理要求、生态条件和生长情况划分树种组栽培区。

4.2　杨树栽培区分四个区域（表1）：

a）辽南、辽中平原湿润区；

b）辽西平原丘陵半湿润区；

c）辽北低丘平原半湿润区；

d）西部山地丘陵半干旱区。

表1 杨树栽培区划表

栽培区	自然概况	重点地区
a)辽南、辽中平原湿润区	降水量600～700mm 平均气温7.5～9.4℃ 积温3348～3614℃ 无霜期159～171d 壤土、沙壤土	大石桥市、盖州市、辽中县、台安县、新民市、辽阳县、灯塔市、凌海市、海城市、黑山县、北宁市、绥中县、盘山县沿河流域的河滩地
b)辽西平原丘陵半湿润区	降水量520～627mm 平均气温7.1～9.1℃ 积温3280～3532℃ 无霜期150～177d 壤土、沙壤土	阜新县、彰武县东部地区、朝阳县及义县南部地区河滩地
c)辽北低丘平原半湿润区	降水量524～683mm 平均气温6.5～7.3℃ 积温3183～3352℃ 无霜期145～154d 壤土、沙壤土	昌图县、开原市、铁岭县、康平县、法库县的沿河流域
d)西部山地丘陵半干旱区	降水量452～584mm 平均气温5.5～8.3℃ 积温2810～3501℃ 无霜期129～154d 壤土、沙壤土	建昌县、北票市、建平县、喀左县、阜新县、彰武县的北部沿河流域

4.3 红松栽培区分两个区域(表2)：

a）最适栽培区；

b）一般栽培区。

表2 红松栽培区划表

栽培区	自然概况	重点地区
a)最适栽培区	海　拔500～1300m 平均气温4.0～7.0℃ 降水量700～1100mm 棕壤土，暗棕壤土	抚顺县、清原县、新宾县、抚顺新区、本溪县、桓仁县、宽甸县、凤城市、西丰县、铁岭县郊、开原市东部、岫岩县东北部
b)一般栽培区	海 拔200～700m 气 温6.1～10.0℃ 降水量600～900mm 棕壤土	岫岩县东、西、南部、本溪县郊区、大石桥市、海城市、辽阳县、灯塔市东部

4.4 长白、日本落叶松组栽培区分两个区域(表3)：

a）最适栽培区；

b）一般栽培区。

DB21/T 1365－2005

表3　长白、日本落叶松组栽培区划表

栽培区	自然概况	重点地区
a)最适栽培区	海拔200～500m 平均气温5～6℃ 降水量800～1200mm 无霜期140d 持续日照日数50d 积温2700～3200℃ 棕壤土、暗棕壤土，湿润	宽甸县北部、凤城市北部、本溪县、桓仁县、抚顺县、清原县、新宾县、顺城区、西丰县、开原市、铁岭县东部、清河区
b)一般栽培区	海拔200～400m 平均气温6～8℃ 降水量750～850mm 无霜期140～160d 持续日照日数160～180d 积温3000～3400℃	宽甸县南部、凤城市南部、岫岩县、丹东市郊区、东港市西部、海城市东部、千山区、旧堡区、辽阳县、灯塔市东部、大石桥市、盖州市东部

4.5　其它树种栽培区划表(表4)。

表4　其它树种组栽培区划表

树种	栽培区	自然概况	重点地区
红皮云杉 冷杉 辽东栎 蒙古栎 白桦 槭树 山杨 麻栎	最适栽培区	海拔200～500m 平均气温5～6℃ 降水量800～1200mm 无霜期140d 持续日照日数160～180d 积温3000～3400℃ 棕壤土，暗棕壤土	丹东市、抚顺市、本溪市、西丰县、清河区、铁岭县、开原市东部、岫岩县
尖柞 栓皮栎 麻栎 板栗	一般栽培区	海拔200～400m 平均气温6～8℃ 降水量750～850mm 无霜期140～160d 持续日照日数160～180d 积温3000～3400℃	海城市东部、千山区、旧堡区、辽阳县、灯塔市、大石桥市、盖州市东部
樟子松 小干松	最适栽培区	平均气温>6℃ 降雨量>600mm 土层厚度1m 黄土、沙土	大连市、鞍山市、辽阳市、营口市、沈阳市
	一航栽培区		锦州市、阜新市、葫芦岛市、朝阳市、铁岭市西部
国槐 白榆		土厚深厚、肥沃、排水良好	四旁绿化
刺槐	最适栽培区	降雨量>600mm 平均气温7.5～9.4℃ 土层厚度1m以上	大连市、鞍山市、辽阳市、营口市、丹东市南部
	一般栽培区	降雨量<600mm 平均气温5.5～9.1℃	锦州市、朝阳市、阜新市、葫芦岛市、铁岭市、沈阳市

4.6 薪炭林栽培区划表(见表5)。

表5 薪炭林树种栽培区划表

树种	区域	重点地区和地类
沙棘 荆条 胡枝子 紫穗槐	辽西地区	朝阳市、阜新市、锦州市、葫芦岛市山区坡地，康平县、法库县、昌图县山坡及沙地
小钻杨组 旱快柳 旱柳 红柳	全省各地	低洼盐碱地 河滩地
刺槐	全省各地	中层土、低坡地
栎类 榛子 赤杨 水桃	辽东地区	丹东市、抚顺市、本溪市、岫岩县、开原市、庄河市、瓦房店市、长海县、普兰店市、大石桥市、盖州市山区

5 树种组及计算标准年龄

5.1 小钻杨组计算标准年龄15年(含群众杨、昭林6号杨、赤峰34号杨、36号杨、黑林1号杨、喀左小钻杨、彰武小钻杨、鞍杂杨、锦县小钻杨及小黑杨)。

5.2 欧美杨组计算标准年龄为10年(含辽宁杨、辽河杨、盖杨、W13杨、W14杨、中林46杨、荷兰3930杨、荷兰3016杨、107杨、108杨等)。

5.3 落叶松组计算标准年龄为20年(含日本落叶松、长白落叶松)。

5.4 红松计算标准年龄为40年。

5.5 薪炭林计算标准年龄

5.5.1 条材组计算标准年龄为4年(紫穗槐、胡枝子)。

5.5.2 枝材组计算标准年龄为4年(刺槐、沙棘、栎类、杨类、柳类)。

6 经营指标

6.1 计算标准年龄低限生长量指标见表6-1～表6-2。

6.2 各树种不同林龄低限生长量指标见表6-3～表6-8。

表6-1 杨树计算标准年龄生长量指标

栽培区	树种组	大径材		中小径材	
		胸径(cm)	年均蓄积生长量(m^3/hm^2)	胸径(cm)	年均蓄积生长量(m^3/hm^2)
a)	小钻杨组	30.0	13.5	23.0	13.9
a)	欧美杨组	32.0	18.8	30.0	19.5
b	小钻杨组	26.0	12.0	22.1	12.0
c)	欧美杨组	30.0	18.0	25.0	18.0
d)	小钻杨组	25.0	12.0	21.5	12.5

DB21/T 1365－2005

表 6-2 落叶松计算标准年龄生长量指标

栽培区	树种组	大径材		中小径材	
		胸径（cm）	年均蓄积生长量（m^3/hm^2）	胸径（cm）	年均蓄积生长量（m^3/hm^2）
a)	长白落叶松	13	8	12	8
	日本落叶松	18	10	14	10
a)	长白落叶松	12	7	10	7
	日本落叶松	14	9	12	9

表 6-3 小钻杨组不同林龄中小径材人工林生长量指标

林龄（A）	a)栽培区		b)栽培区		c)、d)栽培区	
	胸径（cm）	树高（m）	胸径（cm）	树高（m）	胸径（cm）	树高（m）
2	3.0	3.1	2.9	3.0	2.9	3.0
3	4.1	4.5	3.9	4.0	3.6	4.0
4	5.7	5.8	5.4	5.0	5.1	5.2
5	8.4	7.2	8.0	6.4	7.2	6.6
6	11.9	9.0	10.9	8.1	9.5	8.1
7	14.9	11.4	13.7	10.3	11.2	10.2
8	17.5	13.4	16.6	12.0	13.3	12.0
9	19.3	15.0	18.6	13.4	15.2	13.4
10	20.5	16.1	19.5	14.4	16.7	14.5
11	21.3	16.8	20.2	15.1	18.2	15.1
12	22.0	17.6	20.9	15.8	19.3	15.9
13	22.7	18.2	21.6	16.4	20.4	16.5
14	23.3	18.9	22.1	17.0	21.5	17.0
15	23.8	19.5	22.6	17.6	22.0	17.7

表 6-4 小钻杨组不同林龄大径材人工林生长量指标

林龄（A）	a)栽培区		b)栽培区		c)、d)栽培区	
	胸径（cm）	树高（m）	胸径（cm）	树高（m）	胸径（cm）	树高（m）
2	3.0	3.1	2.9	3.0	2.9	3.0
3	4.1	4.5	3.9	4.0	3.6	4.0
4	5.7	5.8	5.4	5.0	5.1	5.2
5	8.4	7.2	8.0	6.4	7.2	6.6
6	12.0	9.0	11.0	8.3	9.7	8.2
7	15.2	11.6	13.9	10.7	11.9	10.4
8	18.2	13.8	16.9	12.5	14.1	12.2
9	21.0	15.6	19.5	14.0	16.3	13.8
10	23.1	16.9	20.6	15.1	18.5	15.0
11	24.9	18.0	21.9	16.2	20.4	16.1
12	26.5	19.1	23.6	17.4	22.2	17.0
13	28.4	20.0	24.9	18.5	23.8	17.9
14	30.0	20.5	26.0	19.6	25.0	18.8
15	31.8	20.9	27.1	20.1	26.0	19.7

表 6-5 欧美杨组不同林龄人工林生长量指标

林龄(A)	大径材				中小径材			
	a)栽培区		b)栽培区		a)栽培区		b)栽培区	
	胸径(cm)	树高(m)	胸径(cm)	树高(m)	胸径(cm)	树高(m)	胸径(cm)	树高(m)
2	6.0	6.8	5.5	6.0	3.0	2.0	2.0	1.8
3	9.5	8.7	9.0	8.0	6.5	3.5	6.2	3.3
4	13.0	11.6	12.5	11.0	10.0	5.4	9.2	5.0
5	16.5	14.5	15.5	13.8	13.3	7.6	11.2	7.2
6	20.0	16.0	19.0	15.0	16.4	10.6	14.0	10.0
7	23.5	17.2	22.0	16.0	19.5	13.5	16.8	12.5
8	26.5	18.4	25.0	17.1	22.6	16.0	19.8	14.0
9	30.0	19.7	27.5	18.2	25.9	18.2	22.6	15.5
10	32.0	21.0	30.0	19.3	30.0	20.1	25.0	16.5
11	34.0	22.1	32.0	20.4				
12	35.5	22.9	33.5	21.5				
13	37.0	23.8	34.5	22.5				
14	38.2	24.6	36.0	23.4				
15	40.0	25.3	37.0	24.1				

表 6-6 日本落叶松不同林龄生长量指标

林龄(A)	a)栽培区				b)栽培区			
	胸径(cm)	树高(m)	蓄积量(m^3/hm^2)		胸径(cm)	树高(m)	蓄积量(m^3/hm^2)	
			年平均	总生长			年平均	总生长
3		1.8				1.2		
4		2.4				1.6		
5	3.7	3.3	3.4	17.1	2.9	2.3	2.2	11.1
6	4.5	4.1	4.1	24.6	3.7	2.8	2.7	16.1
7	5.3	4.9	4.8	33.9	4.5	3.5	3.3	23.2
8	6.2	5.8	5.5	43.6	5.4	4.4	4.1	32.4
10	8.0	7.6	6.5	64.5	6.7	6.4	5.5	54.2
12	9.8	9.4	7.3	88.0	8.1	8.3	6.4	77.3
14	11.1	11.4	8.2	115.3	9.5	10.0	7.1	99.9
16	12.3	13.1	8.9	142.8	10.8	11.6	7.7	123.7
18	13.6	14.7	9.3	168.2	12.1	13.0	8.1	146.3
20	14.9	16.4	9.7	193.4	13.1	14.2	8.4	168.1
22	16.0	17.3	9.8	216.0	14.2	15.3	8.6	189.2
24	17.3	18.4	9.9	237.0	15.5	16.2	8.7	208.2
26	18.4	19.4	10.0	258.4	16.6	17.0	8.7	225.6
28	19.4	20.3	9.9	277.1	17.6	17.7	8.6	241.6
30	20.5	21.0	9.8	293.0	18.5	18.3	8.5	256.2
32	21.6	21.7	9.8	308.3	19.4	18.7	8.4	268.0
34	22.7	22.2	9.4	320.5	20.7	19.2	8.2	280.3
36	23.4	22.7	9.2	331.8	21.7	19.6	8.1	290.8
38	24.8	23.2	9.0	342.9	22.6	19.9	7.9	298.1
40	25.7	23.6	8.8	351.9	23.5	20.2	7.7	307.7

DB21/T 1365－2005

表 6-7 长白落叶松不同林龄生长量指标

林龄(A)	a)栽培区				b)栽培区			
	胸径(cm)	树高(m)	蓄积量(m^3/hm^2)		胸径(cm)	树高(m)	蓄积量(m^3/hm^2)	
			年平均	总生长			年平均	总生长
5	2.8	2.2			2.2	2.0		
6	3.5	3.0			2.8	2.7		
7	4.4	3.7			3.5	3.3		
8	5.3	4.4			4.3	3.9		
9	6.2	5.2			5.2	4.6		
10	7.0	5.9	6.8	68	6.0	5.4	5.8	58
12	8.5	7.3	7.8	94	7.8	6.8	7.0	84
14	9.9	8.8	8.0	112	9.1	8.3	7.2	101
16	11.4	10.2	8.1	130	10.5	9.7	7.4	118
18	12.9	11.7	8.3	149	12.2	11.2	7.5	135
20	14.5	13.0	8.3	166	13.6	12.4	7.6	152
22	15.7	14.1	8.4	185	14.7	13.4	7.6	167
24	16.9	15.3	8.4	202	15.8	14.5	7.7	185
26	18.1	16.4	8.4	218	16.8	15.7	7.7	200
28	19.1	17.4	8.4	235	17.9	16.7	7.7	216
30	20.1	18.5	8.4	252	18.9	17.8	7.7	231
35	22.6	21.0	8.4	294	21.1	20.3	7.7	270
40	24.6	23.5	8.3	332	23.0	22.5	7.5	300

表 6-8 红松不同林龄生长量指标

林龄(A)	a)栽培区		b)栽培区	
	平均树高(m)	平均胸径(cm)	平均树高(m)	平均胸径(cm)
10	3.6	5.3	2.5	4.0
15	6.2	8.6	4.8	7.0
20	9.6	12.3	7.3	10.5
25	11.6	16.2	9.8	13.5
30	14.0	18.1	12.1	16.6
35	16.1	22.2	14.2	18.5
40	18.1	23.9	16.1	22.1
45	19.8	28.3	17.8	23.6
50	21.2	29.7	19.4	27.7
55	22.5	30.7	20.7	29.0
60	23.7	31.7	21.8	29.9

注：林龄不包括苗龄

6.3 轮伐期

各树种轮伐期见表8。

6.4 造林成活率、保存率

造林成活率除朝阳地区75%以上(含75%)外，其它地区造林成活率85%以上(含85%)，保存率85%以上(含85%)。

表8 各树种轮伐期

培育方向	树种	轮伐期(a)	平均胸径(cm)或产量(t)
中小径材(cm)	小钻杨组	8～15	≥16
	欧美杨组	6～10	≥14
	日本落叶松	15～25	≥12
	长白落叶松	18～25	≥12
	红松	30～40	≥20
	刺槐	4～10	≥8
大径材(cm)	小钻杨组	≥16	≥22
	欧美杨组	≥11	≥25
	长白落叶松	≥26	≥25
	红松	≥41	≥30
	刺槐	≥11	>20
薪炭林(t)	条材组	≥1	>5
	枝材组	2～5	>10

7 栽培技术

7.1 造林地的选择

杨树造林地要求地势平坦、土层厚度1m以上，土壤质地沙壤、轻壤、棕壤，地下水1～3m,土壤pH值在6.5～8.0，含盐量低于3%，石砾含量要在20%以下，要远离杨树病虫源地60m以上。

落叶松、红松造林要在适应区内选择坡度较缓，土层厚度30cm以上，pH值5.7～7的棕壤或暗棕壤地块上。

其它树种要在适应区内选择有利于生长的地块。

薪炭林树种要在适应区内选择有利于生长，便于平茬更新的地块。

7.2 整地

栽植杨树的地块，要在造林前一年全面清除杂草、树木和伐根，用拖拉机全面翻、耙、压，翻地深度25cm以上，不留生格，耙碎土壤，镇压平整。

栽植红松、落叶松等树种的地块，在造林的前一年或前二个季度采取穴状整地，将穴内草皮、土块打碎，拣出石块、残根、枯枝等杂物，穴内全垦，并保持原土层不乱。

7.3 苗木标准

7.3.1 苗木规格

欧美杨组采用1年生截干苗造林，地径1.8cm以上，根长25cm以上，根桩高20～40cm；小钻杨组采用2年根一年干整株造林，苗高2m以上，根径2.0cm以上，根长30cm以上，侧根发达。

落叶松与红松采用母树林和种子园或优良种源的采种基地的种子培育的苗木，符合DB21/T1292—2004一、二级标准；其它树种要采用一级苗木造林。

7.3.2 苗木检疫和选苗

苗木调运前要严格进行检疫和选苗，起苗要用起苗犁，应选择无病虫，也无机械损伤，苗干通直，根系完整，充分木质化的合格苗木，并将同一级别的苗木按地径和高度分档栽植。

7.3.3 苗木运输

将合格苗木运往造林地块。与造林地块近的，苗木可以随起苗，随选苗，随运输，随栽植；远距离运输的苗木必须用稻草捆包水浸，并用苫布遮严，以免风吹、日晒，失水和冰害，有条件的也可冷藏运输；暂时不栽的苗木要进行假植。

7.3.4 苗木浸泡

栽植前将苗木根部水浸2h以上，或根蘸泥浆。

7.4 栽植密度

杨树培育大径材、其配植为8m×8m、6m×8m、4m×10m、6m×6m、4m×8m、5m×6m的株行距；培育中小径材，其配植为4m×5m、3m×5m、2m×8m、2m×6m等株行距。

长白、日本落叶松大径材：1800~2500株/hm^2

中小径材：2500~3300株/hm^2

红松、云杉、冷杉大径材：2000~3300株/hm^2

刺 槐 大 径 材：1500~2000株/hm^2

中小径材：2000~3000株/hm^2

其它树种可参照刺槐的株行距。

7.5 栽植

7.5.1 定点挖穴

按设计的密度进行定点挖穴，点要相对分布均匀，栽植穴的规格：杨树应为50cm×50cm×50cm或60cm×60cm×60cm，落叶松组或红松组应为30cm×30cm×25cm或20cm×20cm×20cm，刺槐为40cm×40cm×30cm。其它树种根据苗木根系的大小确定。

7.5.2 植苗

7.5.2.1 栽植时间

杨树、刺槐的截干苗以秋末、上冻前为宜，其它苗木以春季翻浆前后为宜；容器苗可雨季栽植。

7.5.2.2 栽植方法

采用中心植苗法，将苗木放进坑后，回填表土至苗木的根系处，然后扶正踩实，再向上提一提苗，保证根系舒展，然后有条件的可以浇水，再进行第二次培土踩实，截干苗培一个小土堆，将苗木全部埋上。

7.6 补植

造林成活率达到85%以上(朝阳地区达到75%以上)，不用补植，低于85%(朝阳地区低于75%)需要补植。杨树补植可补大苗根，并将原成活的苗木进行平茬，补植时间为第二年秋季；其它树种补植时间为翌春。

7.7 幼林抚育

7.7.1 松土除草

杨树松土除草与林地间种结合，行间以耕代抚，株间与间种的作物松土除草同时进行。没实行间种的每年松土除草2~3次；连续抚育3年。间种结束后或未间种栽植3年后，有条件的可以每年一次秋季翻耙。

落叶松要抚育3年，第一、第二年每年两次，一次割草，一次穴状松土，第三年割灌、草一次。

红松抚育5年，一年一次。

其它树种参照落叶松。

7.7.2 间种

杨树根据行距的大小可以进行间种，间种的年限视株行距大小及间种的作物而定，间种时必须在树的两侧各留0.5m的保护带，要严禁间种影响幼树生长的作物。其他树种不能间种。

7.7.3 定株除萌

杨树截干苗造林，要及时定株除萌，当萌条长到15~20cm时，要选留一个粗壮的萌条培育主干，其余萌条全部除去；在7~8月间，将杨树主干距根部1m以内树干上的侧枝全部剪去。

7.8 修枝

7.8.1 修枝时间

杨树2~3年生的幼树，要在冬季剪掉影响顶部生长的竞争枝、卡脖枝。第三年冬季修掉第一轮枝，第四年修第二轮，以此类推，修 3～4 次，保证主干 8m 以下无侧枝，并要剪去主干上的萌条。

红松、落叶松应在幼林郁闭后，当树冠下部出现 2～3 轮死枝或枯枝，即开始修枝，修枝间隔期 4～5 年。修枝在树液停止流动时可结合抚育间伐进行。

7.8.2　修枝强度

杨树、红松及落叶松冠高保持 2:3 或 1:2，最后修枝高度 8m 处停止。其它树种修枝可参照执行。薪炭林不用修枝。

7.8.3　修枝方法

要使切口截面与树干平行，不留枝桩，切口断面力求最小，不得损伤树皮，切口平滑，枝底径 2 cm 以上的截面应涂抹油漆，防止病虫害侵入。

7.9　抚育间伐

7.9.1　间伐时间

林分出现较明显的分化时开始进行抚育间伐。间伐的间隔期及强度，应根据林分生长情况、初植密度、立地条件等因子综合考虑确定。

7.9.2　间伐方法

采取下层抚育法，伐除被压木、分杈木、干形不良的树木，本着留大砍小、留优去劣、留疏砍密的原则，保持各营养空间相对均匀。

7.9.3　间伐的间隔期和强度见表 9。

表 9　间伐的间隔期和强度

树种	间伐开始期 （林龄 A）	间伐间隔期 （a）	间伐强度 （%）
红松	13～18	6～8	10～30
长白落叶松	11～13	6～8	10～30
日本落叶松	9～11	5～7	10～30
小钻杨组	6～8	4～6	10～30
辽宁杨组	5～7	3～5	10～30
樟子松	12～14	5～7	10～30
油松 班克松 小干松	14～17	6～8	10～30
刺槐	5～7	3～4	10～30
杂木林	11～15	7～10	10～25

7.10　追肥

杨树进行间种的幼林不必追肥，停止间种后可根据土壤缺肥情况确定追肥种类和数量，其它树种可以根据土壤缺肥情况自行确定。

7.11　林地翻耕

杨树停止间种后或未间种栽植 3 年后，每年秋后，用拖拉机翻耕或重耕一次，将杂草和落叶一并翻入土中，其它树种不用翻耕。

7.12　病虫害防治

做好病虫害的预测预报，做到及时发现，及时防治。

防治方法可按 DB21/T859—1995、DB21/T892—1996 执行。

7.13　护林防火

落实管护责任制，防止人畜危害和火灾。

8 采伐

8.1 采伐时间

达到轮伐期年龄的树木可以采伐，采伐要在秋季或冬季进行。

8.2 采伐方式

采用块状皆伐或带状皆伐。

8.3 技术要求

采伐时要防止抽心、劈裂和摔断，伐根高不超过10cm，控制树倒方向，保护其他树木、幼树及作业工人的安全。

9 规划设计与技术档案

9.1 规划设计

造林前，必须进行总体规划，按小班做出施工设计，绘制造林设计图，按规划编制小班经营方案，按设计施工。

9.2 标准地设置

造林面积大的要设标准地。

标准地以小班为单位，设置一块有代表性固定标准地，标准地面积可视株行距大小而定，一般以50～100株树所含面积为宜(一般不小于$600m^2$)。

9.3 标准地的观测

逐年观测记载实施的各项技术措施及效果，杨树、刺槐每2年对标准地进行一次调查。其他阔叶树5年、针叶树10年以上调查一次，要测量树高、胸径、计算蓄积量、生长量。薪炭林每年调查一次。

9.4 建立技术档案

应将造林规划、施工设计、经营方案、标准地调查记录及计算结果、验收报告等有关资料进行归档，文字图表，照片要准确、清晰、整洁。

辽宁省杨树研究所办公楼

辽宁省杨树研究所智能温室及实验室外景

辽宁省杨树研究所智能温室内景

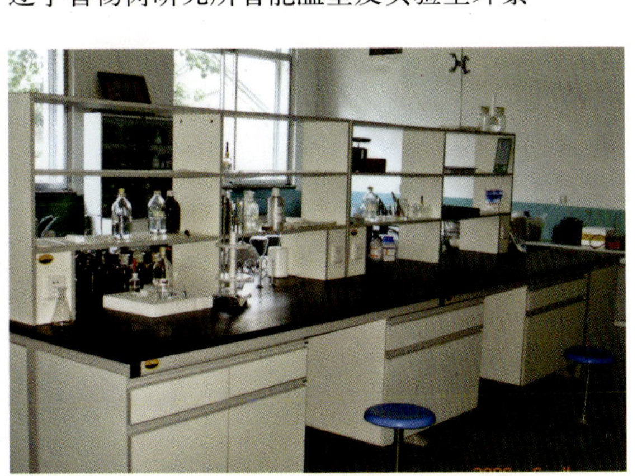

辽宁省杨树研究所综合实验室

辽宁省杨树研究所生物技术实验室

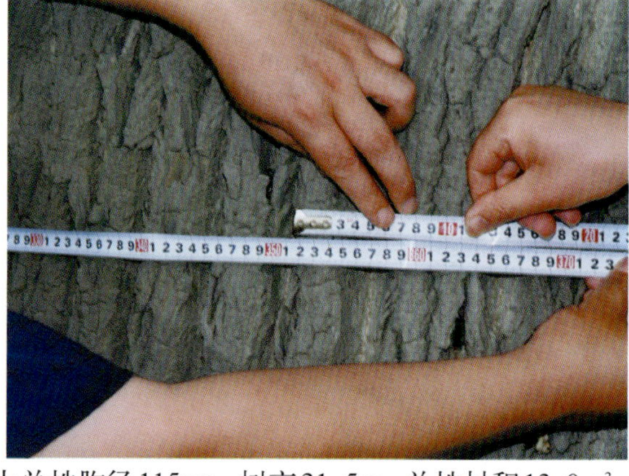

灯塔市西马峰乡大纸房村6株沙兰杨。树龄40年，最大单株胸径115cm，树高31.5m，单株材积13.0m^3。比江苏省泗阳县的“杨树王”年龄长10年，胸径粗10cm，单株材积高1.6m^3。图为树木全貌，单株及胸径测试

凌海市金城原种场辽宁杨试验林及单株。林龄12年，胸径28.3cm，树高25.1m

辽宁省杨树研究所在凌海市金城原种场纸浆试验林

辽宁省杨树研究所在凌海市金城原种场纸浆试验林

辽宁省杨树研究所在凌海市金城原种场纸浆试验林

辽宁省杨树研究所在凌海市右卫镇杨树速生丰产林示范区的纸浆示范林

凌海市新庄子镇杨树品种对比试验林

凌海市新庄子镇杨树品种对比试验林辽宁杨单株。胸径38.5cm，树高32.5cm，树龄15年

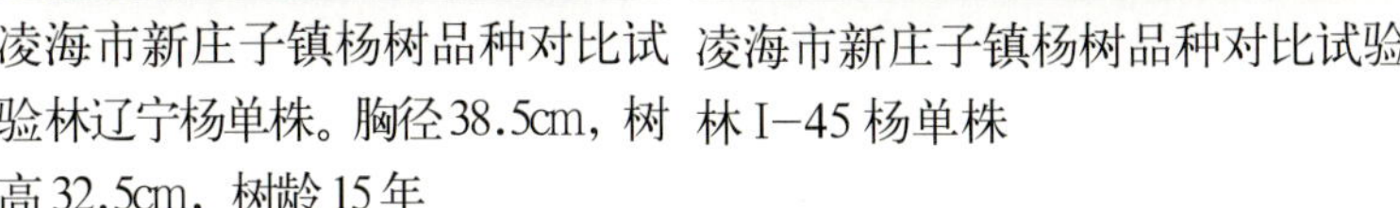

凌海市新庄子镇杨树品种对比试验林 I−45 杨单株

凌海市新庄子镇杨树品种对比试验林荷兰 3930 杨单株

辽宁省杨树研究所在盘山县石山种畜场杨树品种对比试验林

辽宁省杨树研究所在海城市析木镇杨树品种对比试验林

辽宁省杨树研究所在昌图县七家子镇杨树品种对比试验林

辽宁省杨树研究所在盘山县石山种畜场辽育系列杨树试验林

辽宁省杨树研究所在盘山县石山种畜场杨树品种对比试验林辽育1号杨单株

辽宁省杨树研究所在盘山县石山种畜场杨树品种对比试验林辽育2号杨单株

辽宁省杨树研究所在盘山县石山种畜场杨树品种对比试验林辽育3号杨单株

辽宁省杨树研究所在新民市姚堡乡辽胡杨试验林辽胡1号杨林相。林龄22年，平均胸径24.4cm，树高14.6m

辽宁省杨树研究所在新民市姚堡乡辽胡杨试验林辽胡2号杨林相。林龄22年，平均胸径25.2cm，树高14.8m

黑山县小东种畜场大径材用材林荷兰3016杨林相及单株。林龄16年，胸径38.5cm，树高32.4m

黑山县小东种畜场绕阳河岸边荷兰3016杨与樟子松混交林

辽宁省杨树研究所在彰武县四堡子乡小钻杨试验林

辽宁省杨树研究所在建昌县南塔林场小钻杨速生丰产试验林

凌海市金城原种场小钻杨单株。树龄32年，胸径80.7cm，树高28.5m，被当地群众称为“树神”

辽宁省杨树研究所在凌海市金城原种场小钻杨品种对比试验林

新民市国有机械化林场柳河岸边10年生辽宁杨速生丰产林

新民市国有机械化林场柳河大桥桥下I–214杨单株

新民市国有机械化林场柳河大桥桥下I–214杨。林龄15年，胸径28.6cm，树高18.0m

辽宁省杨树研究所在凌海市右卫镇杨树速生丰产林示范区林农复合经营试验林

辽宁省杨树研究所在凌海市金城原种场试验苗圃育苗基地

辽宁省杨树研究所在凌海市金城原种场农林复合经营试验林

黑山县镇安乡绕阳河大桥下108杨速生丰产示范林

黑山县小东种畜场绕阳河岸边的杨树天然次生林

辽宁省昌图县杨树农田防护林

辽宁省大洼县杨树稻田防护林

辽宁省盖州市大清河杨树护岸林

辽宁省庄河市碧流河杨树护岸林

沈大高速公路鞍山段绿色通道工程杨树绿化带

辽宁省新民市绿色通道工程杨树绿化带

鞍山至千山公路杨树绿化带

辽宁省凌海市右卫镇乡村公路绿化带